LES CLASSIQUES DE LA SCIENCE

Publiés sous la direction de MM.

H. ABRAHAM, H. GAUTIER, H LE CHATELIER, J. LEMOINE

I

L'AIR

L'ACIDE CARBONIQUE

ET

L'EAU

MÉMOIRES

de

DUMAS — STAS — BOUSSINGAULT

LIBRAIRIE ARMAND COLIN

103, BOULEVARD SAINT-MICHEL, PARIS

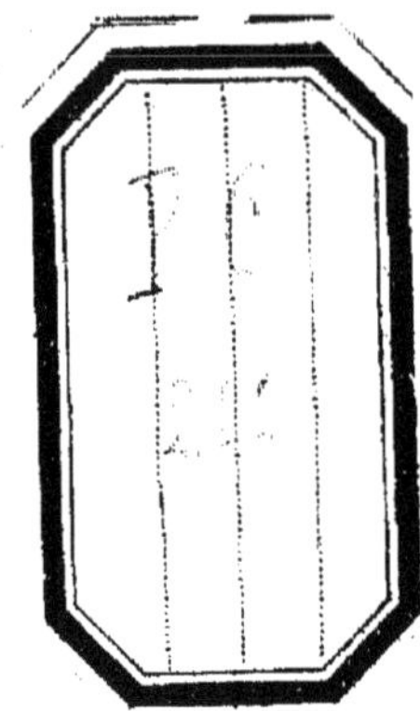

LES CLASSIQUES DE LA SCIENCE
Publiés sous la direction de MM.
H. ABRAHAM, H. GAUTIER, H. LE CHATELIER, J. LEMOINE

I

L'AIR
L'ACIDE CARBONIQUE
ET
L'EAU

MÉMOIRES
de
DUMAS — STAS — BOUSSINGAULT

Avec 4 planches hors texte.

LIBRAIRIE ARMAND COLIN
103, BOULEVARD SAINT-MICHEL, PARIS
1913

AVERTISSEMENT

En publiant la collection des *Classiques de la Science*. nous espérons être utiles à tous ceux que la Physique et la Chimie intéressent, aux professeurs, aux étudiants des grandes Écoles et des Facultés, aux élèves des classes de l'Enseignement secondaire.

Notre intention est de présenter successivement au public scientifique les mémoires fondamentaux dus aux savants français et étrangers qui ont ouvert les grands chapitres de la science.

Chacun des volumes de la collection comprendra soit divers mémoires d'un seul savant, soit des mémoires de plusieurs auteurs se rapportant à un même ordre d'idées.

La Société française de Physique a fait réimprimer, d'une façon luxueuse, les œuvres de quelques physiciens français (Ampère, Coulomb, Becquerel, Curie, etc.). En Allemagne, Ostwald a publié, dans sa langue, de nombreux mémoires dus à des chimistes et des physiciens de diverses nationalités.

Nous voulons réaliser de même, dans un but d'intérêt général, une édition française à bon marché, facilement accessible au grand nombre. Nous le faisons d'une façon absolument désintéressée, ce qui nous a permis de demander aux éditeurs des sacrifices correspondants. Auteurs et éditeurs espèrent que le public, par l'accueil qu'il fera à ces classiques, leur apportera la preuve que la publication répondait bien à une nécessité.

Cette publication paraît d'ailleurs être la réalisation d'un vœu que l'on trouve souvent formulé par de nombreux écrivains qui ont recommandé la lecture des mémoires originaux comme le meilleur moyen de développer chez les étudiants l'esprit scientifique, tout en contribuant aussi à leur culture littéraire. Nous donnons ci-dessous quelques citations de savants qui nous paraissent avoir encouragé à l'avance notre tentative.

Le Comité de Publication :

H. Abraham, H. Gautier,
H. Le Chatelier, J. Lemoine.

Éloge historique d'Alexandre Volta.

Par François ARAGO,

Secrétaire perpétuel de l'Académie des Sciences.

(Lu à la séance publique du 26 juillet 1833.)

«... La lettre à Lichtenberg, en date de 1786, dans laquelle Volta établit par de nombreuses expériences les propriétés des électromètres à paille, renferme sur les moyens de rendre ces instruments comparables, sur la mesure des plus fortes charges, sur certaines combinaisons de l'électromètre et du condensateur, des vues intéressantes dont on est étonné de ne trouver aucune trace dans les ouvrages les plus récents. Cette lettre ne saurait être trop recommandée aux jeunes physiciens. Elle les initiera à l'art si difficile des expériences ; elle leur apprendra à se défier des premiers aperçus, à varier sans cesse la forme des appareils ; et si une imagination impatiente devait leur faire abandonner la voie lente, mais certaine, de l'observation, pour de séduisantes rêveries, peut-être seront-ils arrêtés sur ce terrain glissant en voyant un homme de génie qu'aucun détail ne rebutait. Et d'ailleurs à une époque où, sauf quelques honorables exceptions, la publication d'un livre est une opération purement mercantile ; où les traités de science, surtout, taillés sur le même patron, ne diffèrent entre eux que par des nuances de rédaction souvent imperceptibles ; où chaque auteur néglige bien scrupuleusement toutes les expériences, toutes les théories, tous les instruments que son prédécesseur immédiat a oubliés ou méconnus, on accomplit, je crois, un devoir en dirigeant l'attention des commençants vers les sources originales. C'est là, et là seulement, qu'ils puiseront d'importants sujets de recherches ; c'est là qu'ils trouveront l'histoire fidèle des découvertes, qu'ils apprendront à distinguer clairement le vrai de l'incertain, à se défier enfin, des théories hasardées que les compilateurs sans discernement adoptent avec une aveugle confiance... »

(*Ann. de Phys. et Chim.* [2], LIV, 396, 1833.)

Les méthodes d'enseignement des sciences expérimentales.

Par Lucien POINCARÉ.

(*Conférence du Musée pédagogique*, 1904.)

«... Retenons aussi ce conseil de lire parfois aux élèves ce qu'ont écrit les grands savants eux-mêmes. Eh quoi ! dira-t-on, vous voudriez qu'on lût, au lycée, les mémoires originaux ; folle entreprise ! Ne sentez-vous pas que vous condamneriez ainsi les malheureux enfants déjà surmenés à une nourriture trop substantielle, qu'ils ne sauraient digérer, et qu'ils ne pourront absolument rien comprendre à un langage beaucoup trop élevé et trop compliqué pour leurs jeunes intelligences? Il y a ici, bien entendu, une question de tact, et l'on devra soigneusement régler la dose selon la mesure des intelligences à qui l'on s'adressera; mais qu'on vérifie par l'expérience, et l'on constatera que telle ou telle page écrite par un Pascal, un Arago ou un Berthelot, a, dans sa profondeur, plus de lumineuse clarté et plus de réelle simplicité que les chapitres correspondants de beaucoup de traités, dits élémentaires, où des auteurs, qui remontent rarement à la source et qui se copient souvent les uns les autres, ont reproduit, avec des déformations de plus en plus fâcheuses, la pensée première des inventeurs... »

L'enseignement scientifique général dans ses rapports avec l'industrie.

Par Henry LE CHATELIER.

« ... Pour développer cette activité individuelle, il faudrait que, dans les sciences expérimentales, comme cela existe pour les sciences mathématiques, les devoirs écrits, les travaux personnels des élèves tinssent une large place dans l'enseignement, et ne se réduisissent pas à quelques rares calculs mathématiques, le plus souvent dépourvus d'intérêt, sur telle ou telle question de physique. On pourrait faire analyser les mémoires scientifiques originaux qui sont restés classiques : ceux de Lavoisier, Gay-Lussac, Dumas, Sadi Carnot, Regnault, Poinsot, en demandant de bien mettre en relief leurs points essentiels; faire discuter les avantages comparatifs de deux méthodes expérimentales ayant un même objet : celle du calorimètre à glace et du calorimètre à eau, par exemple; faire des programmes d'expériences pour des recherches sur un sujet donné : en un mot, imiter ce qui se fait avec beaucoup de raison dans l'enseignement littéraire. Avant tout, ce qu'il faudrait emprunter à cet enseignement est la lecture régulière des auteurs classiques. En apprenant dans un cours les résumés des expériences de Lavoisier ou de Dumas, on n'étudie pas mieux la science qu'on n'étudierait la poésie dramatique en apprenant des résumés des pièces de Corneille. A côté et autour des faits, il y a tout un cortège d'idées dans un cas, de sentiments et de mélodie dans l'autre, qui constituent bien plus que les faits matériels la science ou la poésie. Les résumés, bons pour la préparation aux examens, sont stériles pour le développement de l'esprit et de l'imagination... »

(*Revue générale des Sciences*, IX, 104, 1898.)

TABLE DES MATIÈRES

NOTICES BIOGRAPHIQUES

SUR

DUMAS, STAS ET BOUSSINGAULT

DUMAS (Jean-Baptiste), 1800-1884, naquit à Alais (Gard). D'une famille nombreuse, il dut dès sa sortie de l'École communale commencer à gagner sa vie ; il entra comme élève chez un pharmacien de sa ville natale, mais poussé bientôt par un désir insatiable de s'instruire, il partit à pied pour Genève où il se plaça chez le pharmacien Leroyer pour suivre en même temps dans cette ville les cours de l'Université. Rapidement apprécié par ses maîtres, de Candolle, Pictet, de la Rive, il fut chaudement recommandé par eux à Arago et obtint ainsi à vingt-quatre ans la place de répétiteur de Thénard au cours de chimie de l'École polytechnique. Les places dans l'enseignement n'étaient pas encore devenues des fonctions administratives où l'avancement se fait à l'ancienneté. L'École polytechnique pouvait alors s'attacher de tout jeunes gens, comme Gay-Lussac, Dumas, Regnault qui illustrèrent ensuite par leurs travaux scientifiques et leur enseignement le nom de cette École.

L'existence de Dumas comprend quatre périodes distinctes.

Pendant toute sa jeunesse, jusqu'à l'âge de vingt-cinq ans, il travailla avec une ardeur inlassable à son développement intellectuel, s'intéressant également aux questions scientifiques, littéraires, philosophiques et même artistiques.

De vingt-cinq à cinquante ans, il consacra tout son temps à la production scientifique, déployant une ardeur au travail qui a été rarement égalée. Dans chacune de ses nombreuses expériences sur la composition de l'eau, par exemple, il se mettait au travail à six heures du matin et restait au laboratoire jusqu'au milieu de la nuit suivante, vers trois heures, pour achever les dernières pesées. Parmi ses travaux les plus connus, on cite la découverte des amides, l'étude fondamentale de la constitution des alcools et des éthers ; d'importantes recherches sur les alcaloïdes et sur l'indigo ; en chimie minérale, la détermination précise de la composition de l'air, de l'eau et de l'acide carbonique poursuivie en collaboration avec Stas et Boussingault. Mais son influence dominante sur les progrès de la chimie se rattache à sa préoccupation constante de rechercher dans tout problème scientifique le côté philosophique. S'il se donna autant de peine pour déterminer, par des analyses précises de l'eau et de l'acide carbonique, les poids atomiques exacts de l'hydrogène, de l'oxygène et du carbone, ce fut uniquement pour résoudre le problème posé par Prout relatif à l'existence des rapports numériques simples entre les poids atomiques de tous les corps, la vérification de cette hypothèse devant avoir une répercussion profonde sur nos conceptions de la matière. Il entreprit ses recherches sur les densités de vapeurs pour arriver à la détermination des véritables poids proportionnels de combinaison. Dans le même ordre d'idées, il donna sa classification des métalloïdes restée jusqu'ici classique. Il parvint enfin, grâce à l'autorité de son nom, à imposer aux chimistes la théorie des substitutions de Laurent, que son auteur n'avait même pas réussi à faire connaître. En 1836, il résuma ces notions de chimie générale dans des conférences sur la philosophie chimique qui eurent un immense retentissement et peuvent aujourd'hui encore être lues avec grand profit.

Dumas occupa successivement ou simultanément les chaires de chimie à l'École polytechnique, à la Sorbonne, dont il devint le doyen, et à la Faculté de médecine. Il exerça une grande action autour de lui par ses conseils et ses encouragements aux jeunes chimistes, faisant pour eux ce que ses premiers maîtres de Genève avaient fait pour lui. Pasteur parlait toujours avec émotion de l'influence bienfaisante que Dumas avait ainsi exercée sur lui.

De cinquante à soixante-dix ans, Dumas se consacra exclusivement à la politique et à l'administration. Successivement député, ministre et sénateur, il fut en même temps président du conseil municipal de Paris, du conseil supérieur de l'Université, de la Société d'Encouragement pour l'Industrie nationale et d'un grand nombre d'autres sociétés ou commissions. Il y exerça une influence considérable et éminemment bienfaisante pour le pays ; aussi fut-il de son vivant comblé de gloire et d'honneurs. Mais le souvenir de ses services est maintenant effacé devant celui de ses titres scientifiques. Cette action passée ne nous est plus guère rappelée que par les nombreux bustes, portraits et médaillons conservés dans nos salles de réunion ou nos laboratoires. Et pourtant l'œuvre de l'administrateur fut aussi grande et aussi belle que celle du savant. Il suffit de rappeler la création de l'École centrale des Arts et Manufactures, l'organisation de l'éclairage au gaz de la ville de

Paris, l'enquête sur les engrais, la lutte contre le phylloxéra, la fondation du Bureau international des poids et mesures. L'accomplissement d'une œuvre semblable exigeait une activité dévorante qui provoqua parfois quelques frottements. Dumas exigeait de ses collaborateurs la même ardeur au travail et souvent l'exercice de son autorité parut un peu dure à des collègues trop enclins à considérer les réunions de commissions comme d'agréables occasions de flânerie.

Après la chute de l'Empire, âgé de soixante-dix ans, Dumas se retira de la vie publique, achevant une heureuse vieillesse entouré de la sympathie et de la reconnaissance des nombreux savants qu'il avait jadis guidés de ses conseils et appuyés de son influence. Il se remit au travail et entra au laboratoire de Pasteur où il publia, comme dernière œuvre scientifique, une étude sur les fermentations.

On ne saurait mieux dépeindre ce grand savant qu'en reproduisant les paroles prononcées en 1889 par Pasteur lors de l'érection du monument commémoratif qui orne une des places publiques d'Alais, sa ville natale :

« Il est un petit nombre d'hommes aussi bien faits pour le travail silencieux que pour le débat des grandes assemblées ; en dehors des études personnelles, qui leur assurent dans la postérité une place à part, ils ont l'esprit attentif à toutes les idées générales et le cœur ouvert à tous les sentiments généreux. Ces hommes-là sont les esprits tutélaires d'une nation. »

H. L. C.

Boussingault (Jean-Baptiste-Joseph-Dieudonné), 1802-1887, était le fils d'un petit épicier de la rue de la Parcheminerie. Il montra tout d'abord peu de dispositions pour les études. Mais ayant eu l'occasion d'aller de temps en temps au laboratoire de Thénard voir un camarade qui y occupait un modeste emploi, il se passionna pour la chimie. Il alla entendre les cours de Thénard, Gay-Lussac, Biot, Cuvier et, à dix-huit ans, il entrait à l'École des Mines de Saint-Étienne, d'où il sortait ingénieur en 1822.

Il n'avait alors qu'un désir : celui d'aller chercher dans des pays lointains le sujet de ses futurs travaux. Une occasion se présenta bientôt pour lui. Le Vénézuéla et la Nouvelle-Grenade venaient d'être réunis en une seule république sous le nom de Colombie et le gouvernement de ce nouvel État avait envoyé en Europe une mission chargée d'abord de demander sa reconnaissance et de recruter ensuite des jeunes gens instruits en vue de la fondation à

Bogota d'une école où l'on formerait des ingénieurs civils et militaires. C'est ainsi que Boussingault partit pour l'Amérique.

A peine débarqué, il s'occupa de déterminations barométriques qui lui avaient été demandées par de Humboldt. Il s'agissait de savoir si, à l'équateur, au niveau de la mer, la pression barométrique est la même qu'en Europe ; ses mesures lui permirent d'en reconnaître l'égalité.

En arrivant à Bogota, il trouva le pays en pleine insurrection et le gouvernement colombien estima plus opportun de le nommer colonel que de lui confier un poste d'ingénieur. Mais l'état de guerre ne l'empêcha pas de poursuivre les recherches qui l'avaient poussé à s'expatrier. Il s'occupa simultanément de minéralogie, de géologie, de chimie végétale, de climatologie et envoyait ses Mémoires à de Humboldt qui les communiquait à l'Académie des Sciences.

A trente ans, il quittait l'Amérique et revenait en Europe précédé d'une réputation scientifique solidement établie.

Boussingault songea à l'enseignement, mais il n'avait aucun grade universitaire, pas même le baccalauréat. Il en obtint la dispense, soutint une thèse de doctorat sur les procédés d'extraction de l'argent par amalgamation telle qu'on la pratique en Amérique et fut alors envoyé à Lyon comme professeur de chimie à la Faculté des Sciences dont il devenait le doyen, un an plus tard. En 1837, il fut appelé à Paris pour suppléer Thénard à la Sorbonne et, en 1839, il entrait à l'Académie des Sciences. Enfin, peu de temps après, on créait pour lui, au Conservatoire des Arts et Métiers, la chaire d'économie rurale dont il resta titulaire jusqu'à sa mort.

Boussingault s'est surtout occupé de chimie agricole. Il a été longuement retenu par la question de l'origine de l'azote dans les êtres vivants et celle des échanges de cet élément entre le sol, les plantes et les animaux.

Excellent analyste, c'est par l'analyse chimique qu'il a pu mener à bien l'étude de questions aussi complexes, ce qui a fait dire de lui « qu'il avait introduit la balance dans l'étude des questions fondamentales de l'agriculture ».

Les questions de science pure qu'il a abordées ont un lien étroit avec l'agronomie. Nous citerons principalement ses recherches sur la composition de l'atmosphère, sur l'acide carbonique, l'ammoniaque, l'acide azotique contenus dans l'air, sur la nitrification, sur les eaux.

Dans ses dernières années, il revint à l'analyse chimique minérale pour laquelle il avait été si bien préparé par son passage à l'École des Mines. On lui doit une série de procédés de dosages des corps étrangers dont la présence de petites quantités dans les métaux influence à un si haut degré leurs propriétés mécaniques.

H. G.

Stas (Jean-Servais), 1813-1891, d'une famille simple, après avoir terminé ses études au collège, entra à la Faculté de Médecine de l'Université de Louvain et obtint facilement, trois ans plus tard, le diplôme de docteur.

Ayant attiré sur lui l'attention de ses maîtres, il entra bientôt, comme préparateur, au laboratoire du professeur de chimie van Mons, puis, peu de temps après, suivit le mouvement général qui animait les jeunes gens d'élite de son époque : il vint à Paris et là entra au laboratoire de Dumas.

Il s'y fit de suite remarquer de son maître, à tel point que la famille ne pouvant plus subvenir à son séjour à Paris, Dumas lui écrivit qu'il se chargerait de faire pécuniairement tout ce qui serait nécessaire pour lui permettre de continuer ses études.

Peu de temps après, le maître associait l'élève à ses travaux et publiait en collaboration avec lui deux importants Mémoires, l'un sur la composition de l'acide carbonique, l'autre sur les types chimiques.

Mais l'insuffisance des ressources pécuniaires de Stas rendait son séjour à Paris de plus en plus difficile et, malgré tout le désir qu'il avait de rester près de son maître Dumas, il sollicita le gouvernement belge de lui confier un enseignement officiel.

En 1840, il fut nommé professeur de chimie à l'École militaire de Bruxelles. Mais il rencontra bien des déboires dans sa nouvelle situation. Un manque absolu de crédits l'obligea à prélever sur son traitement une part importante pour la création d'un laboratoire.

Le 7 octobre 1860, il écrivait à son père : « Pour achever mes travaux, je me suis imposé des sacrifices qui m'ont mis dans une gêne voisine de la pauvreté. »

Le travail auquel il faisait allusion dans cette lettre est le plus important de ceux publiés par lui. Il a pour titre : *Recherches sur les rapports réciproques des poids atomiques.*

La détermination de la composition de l'acide carbonique réalisée en collaboration avec Dumas avait été une confirmation partielle de l'hypothèse de Prout : que les poids atomiques des corps sont des multiples exacts du poids atomique de l'hydrogène et que ce dernier serait par conséquent la matière primordiale dont dériveraient tous les autres corps par voie de condensation.

C'était là une question d'une très grande importance au point de vue philosophique, mais Stas se défiait des conclusions prématurées. Pour admettre l'hypothèse de Prout comme une loi de la chimie, il estima qu'il était nécessaire de vérifier si le résultat observé pour le carbone avait bien réellement un caractère général. Et c'est ainsi qu'il fut conduit à déterminer par des méthodes d'analyse d'une exactitude irréprochable les poids atomiques de nombreux éléments : l'argent, le chlore, le potassium, le brome, le soufre, l'azote, le sodium, le plomb.

C'est comme conclusion à ces laborieuses recherches dont la précision étonna le monde savant que Stas put dire « que l'on doit considérer la loi de Prout comme une pure illusion ».

H. G.

MÉMOIRES

SUR LA COMPOSITION

DE

L'AIR, L'ACIDE CARBONIQUE ET L'EAU

RECHERCHES

sur la véritable constitution de l'air atmosphérique.

Par MM. DUMAS et BOUSSINGAULT

(Annales de Chimie et de Physique [3], III, 257 [1841].)

Abstraction faite de l'acide carbonique, des gaz carburés, des vapeurs accidentelles, l'air renferme de l'oxygène et de l'azote en proportions qui paraissent à peu près constantes.

Généralement, on admet que l'air est formé d'un mélange d'oxygène et d'azote, et l'on s'explique son invariabilité en supposant que les plantes décomposent par leurs parties vertes, sous l'influence solaire, tout l'acide carbonique développé par la respiration des animaux ou la putréfaction des êtres organisés. La constance de la composition de l'air donnerait donc la mesure et la preuve d'une des plus belles harmonies naturelles, celle qui liant les deux règnes organisés l'un à l'autre par l'intermédiaire de l'atmosphère, les placerait ainsi dans une dépendance mutuelle.

Cependant tous les chimistes ne sont pas convaincus que la composition de l'air soit constante, ni même que l'air soit un mélange d'oxygène et d'azote.

Pour certains d'entre eux, et pour MM. Prout, Dobereiner, Falkner, Thompson, par exemple, la constance des éléments de l'air est un fait si bien acquis qu'ils regardent l'air comme un véritable composé chimique formé de 20 volumes d'oxygène pour 80 volumes d'azote. La confiance du savant professeur de Glasgow, à cet égard, est même telle qu'il a tiré de cette donnée des densités de l'oxygène et de l'azote qui ont évidemment servi de base à tout un système de théorie atomique.

Pour d'autres, et ici il faut citer en première ligne l'illustre fondateur de la théorie atomique, le vénérable docteur Dalton, l'air serait un mélange variable d'oxygène et d'azote, plus riche en oxygène dans les régions que nous habitons et où l'azote deviendrait prédominant à mesure qu'on s'élèverait dans l'atmosphère. A cet égard, les convictions de M. Dalton sont vives et profondes, elles ont tout le caractère des convictions mathématiques.

C'est, en effet, moins sur l'expérience que sur le calcul que cette opinion se fonde, et celui-ci, présenté sous une forme un peu différente par un de nos confrères, M. Babinet, l'a conduit à des résultats analogues. D'après ces calculs, l'air étant formé, à Paris, de 21 d'oxygène pour 79 d'azote en volume, on aurait les compositions suivantes à diverses hauteurs :

	OXYGÈNE pour 100 d'air.
0	21
2.000 mètres	20,46
6.000 —	19,42
10.000 —	18,42

Les calculs de MM. Dalton et Babinet sont jusqu'à présent en désaccord avec les résultats des expériences, et en particulier avec les analyses faites par M. Gay-Lussac, sur l'air recueilli dans sa mémorable ascension aérostatique ; avec celles que l'un de nous a exécutées en Amérique à des hauteurs considérables, et enfin avec les analyses nombreuses qu'un chimiste plein de sagacité et d'une précision éprouvée, M. le professeur Brunner, de Berne, a été exécuter au sommet du Faulhorn pendant un séjour prolongé qu'il y a fait à ce dessein.

Ainsi, voilà des chimistes qui regardent, d'après leurs expériences, l'air comme étant formé de 20 d'oxygène et 80 d'azote, et comme constituant un véritable composé chimique. En voici d'autres qui le considèrent comme un mélange constant de 21 d'oxygène pour 79 d'azote. Enfin, viennent des physiciens qui veulent que sa composition varie avec la hauteur.

Toutes ces opinions ne donnent pas une idée bien haute de la confiance qu'inspire la méthode employée habituellement pour faire l'analyse de l'air ; elles prouvent que chacun croit y entrevoir des causes d'erreur suffisantes pour justifier le peu de cas qu'il fait des analyses connues.

L'incertitude augmente encore quand on sait que l'analyse de l'air s'accorde de la manière la plus parfaite avec les densités de l'oxygène et de l'azote, données par MM. Berzélius et Dulong, densités évidemment incorrectes, comme on le verra plus loin.

Ainsi ce n'est plus à titre seulement de renseignement historique à léguer à la postérité qu'il importait de soumettre la composition de l'air à une étude nouvelle et assez exacte pour inspirer quelque confiance aux savants. Au respect pour un des derniers vœux que Laplace ait fait entendre dans cette enceinte, et dont il a confié l'exécution à l'Académie, venait se joindre un intérêt actuel, vraiment irrésistible; car les théories les plus délicates de la science semblaient s'être donné rendez-vous sur cette question de la composition de l'air pour s'y heurter et s'y contredire.

Ainsi, pour le Dr Prout et le Dr Thompson, tous les gaz ont des densités exprimées par des multiples en nombres entiers de la densité de l'hydrogène. L'azote est quatorze fois plus pesant que l'hydrogène; l'oxygène est seize fois plus pesant que lui; enfin l'azote et l'oxygène se trouvent exactement dans la composition de l'air dans le rapport de 1 à 4 en volumes.

Dès lors, si l'on pose les deux équations suivantes :

$$\frac{x + 4y}{5} = 1, \qquad \text{et} \qquad \frac{x}{16} = \frac{y}{14},$$

x et y étant les densités respectives de l'oxygène et de l'azote, on trouve, en définitive,

$x = 1,111$, densité de l'oxygène;
$y = 0,972$, densité de l'azote;
$\frac{x}{16} = 0,0694$, densité de l'hydrogène.

Ces nombres, les seuls qui puissent satisfaire aux conditions énoncées, exigent, comme on voit, qu'on altère non seulement la composition de l'air, mais aussi le chiffre qui exprime la densité de l'oxygène.

Guidée par ces opinions, l'école anglaise n'a pas hésité à faire subir aux poids atomiques de M. Berzélius des corrections souvent très graves et presque toujours si heureuses qu'on n'a pu s'empêcher de prendre en très sérieuse considération des idées qui, au premier abord, semblaient devoir rester hors du domaine de la discussion expérimentale.

On peut dire que, dans l'état actuel des choses, soit par suite de la difficulté des analyses elles-mêmes, soit à cause de l'incertitude qui règne sur la valeur de quelques-uns des coefficients applicables aux gaz, on a le droit de regarder les erreurs d'un centième comme possibles et admissibles en ce qui concerne les densités de l'oxygène et de l'azote ou l'analyse de l'air. Ce sont ces difficultés que nous avons cherché à écarter de la science.

Comme il régnait le même doute sur ces trois points, nous avons dû mettre en usage des procédés qui fussent absolument indépendants des chiffres admis jusqu'ici pour la densité de l'oxygène ou pour celle de l'azote; nous avons dû même éviter de baser nos analyses de l'air sur la composition attribuée à quelque composé que nous aurions produit à son aide, car il aurait fallu s'appuyer sur des données analytiques antérieures, et, sans mettre en doute aucun des faits de la science, nous avons cru convenable de nous rendre indépendants de toutes les circonstances étrangères au point précis que nous voulions déterminer.

Nous avons trouvé toutes ces conditions réunies par l'emploi d'un procédé très simple dans sa conception comme dans son exécution, et qui ne renferme réellement comme chose nouvelle que le moyen de remplacer la mesure des gaz par leur pesée. Ainsi, nous avons réussi à faire l'analyse de l'air en pesant l'oxygène et en pesant l'azote qu'il renferme.

En effet, nous étant procuré un ballon vide d'air, nous le mettons en rapport avec un tube plein de cuivre métallique réduit par l'hydrogène et armé de robinets qui permettent d'y faire également le vide. On a d'ailleurs déterminé exactement le poids de ce tube (*Pl. I, fig. 1*).

Le cuivre étant chauffé au rouge, on ouvre celui des robinets par où doit arriver l'air qui se précipite alors dans le tube, où il cède à l'instant son oxygène au métal. Au bout de quelques minutes, on ouvre le second robinet, ainsi que celui du ballon, et le gaz azote se rend dans le ballon vide. Les robinets demeurés ouverts, l'air afflue, et à mesure qu'il passe dans le tube il y abandonne son oxygène ; c'est donc de l'azote pur que le ballon reçoit. Quand il en est plein, ou à peu près, on ferme tous les robinets. On pèse ensuite séparément le ballon et le tube pleins d'azote, puis on les pèse de nouveau après y avoir fait le vide. La différence de ces pesées donne le poids du gaz azote. Quant au poids de l'oxygène, il est fourni par l'excès de poids que le tube qui contient le cuivre a acquis pendant la durée de l'expérience.

Nous n'insistons pas, pour le moment, sur les précautions que nous avons jugées nécessaires dans la pesée du ballon plein d'azote et vide ; elles seront mieux à leur place dans la discussion des moyens que nous avons mis en œuvre pour contrôler les densités de l'oxygène et de l'azote.

Mais nous devons dire sur quoi se fonde notre conviction relativement à la base même du procédé, c'est-à-dire l'absorption totale de l'oxygène de l'air qui passe par le tube au moyen du cuivre.

La rapidité du courant d'air qui traverse le tube a nécessairement de l'influence sur l'absorption de l'oxygène ; il ne faudrait pas l'exagérer. Cependant, nous avons vu qu'elle pouvait être assez grande. En effet, nous avons fait souvent passer plus de dix litres d'air par heure au travers des tubes, sans que l'absorption d'oxygène en parût en rien altérée. Ordinairement, nous demeurons fort au-dessous de cette limite, afin d'être sûrs qu'aucune portion d'oxygène n'échappe à l'action du métal.

Il suffit de voir comment l'expérience se comporte pour être pleinement rassuré à ce sujet. En effet, l'air se dépouille tout à coup d'oxygène dès son entrée dans le tube. Le cuivre qui s'oxyde occupe une zone tout à fait limitée, et après les plus longues expériences l'oxydation se trouve enfermée dans l'espace de 2 ou 3 centimètres. La presque totalité du tube contient donc encore, à la fin de l'expérience, du cuivre métallique doué de tout son éclat et éminemment propre à recueillir les dernières traces d'oxygène.

Nous n'avons pas voulu néanmoins nous en rapporter à ces apparences. Tout étant disposé comme à l'ordinaire, nous avons triplé la vitesse du courant d'air dans l'appareil, et, sous cette condition défavorable, nous avons essayé s'il retenait de l'oxygène. Il n'en avait pas gardé la moindre trace.

En effet, nous avons dirigé l'azote tout entier au travers d'un tube contenant une dissolution ammoniacale de protochlorure de cuivre bien incolore, et nous n'avons pas pu découvrir le moindre indice de coloration dans ce liquide. Or la plus légère trace d'oxygène l'aurait fait passer au bleu foncé.

Parmi les causes d'erreur qui pourraient exercer une grande influence sur les résultats des analyses faites par la méthode que nous avons décrite, la plus grave à la fois et la plus facile à éviter est celle qui proviendrait de la présence de l'eau dans le cuivre employé. Avec des soins convenables, on se met à l'abri de cet inconvénient, mais il est plus simple de faire passer d'abord dans le tube qui contient le cuivre quelques litres d'air, le tube étant chauffé au rouge. On oxyde ainsi et l'on perd un peu de cuivre, mais on enlève les plus petites traces d'humidité. On fait ensuite le vide dans le tube refroidi, on pèse celui-ci et l'on procède à l'analyse.

Exécutées à l'aide de ce procédé, et sur une grande échelle, toutes nos expériences, sans exception, sont venues confirmer la composition de l'air admise par les chimistes français, et fondée sur les belles expériences eudiométriques par lesquelles MM. de Humboldt et Gay-Lussac ont fixé, il y a trente-cinq ans, la composition de l'air d'une manière irréprochable dans les limites de sensibilité de leur instrument.

Nous ferons voir tout à l'heure qu'au lieu de renfermer 21 d'oxygène pour 100 en volumes, l'air n'en contient réellement que 20,8. La différence qui se remarque entre nos résultats et ceux de MM. de Humboldt et Gay-Lussac ne s'élève donc pas à $\frac{1}{100}$ sur le volume de l'oxygène; elle est d'ailleurs dans le sens des erreurs inévitables dues à l'impureté de l'hydrogène recueilli sur l'eau, quelque rapide que soit sa préparation.

Nous ne rapporterons pas toutes nos analyses; nous donnons ici seulement le détail de celles qui ont été faites au moment où l'expérience acquise dans le maniement du procédé nous permettait d'atteindre une précision qui les rendait bien comparables. Or, nous devons le dire, à mesure que nous faisions disparaître les petites causes d'erreur que nous avions méconnues d'abord, les différences apparentes de la composition de l'air s'effaçaient; celle-ci se montrait plus constante, et nous étions conduits invinciblement à considérer comme dues à des erreurs d'observation des différences un peu fortes qui, au premier abord, semblaient appartenir à la constitution de l'air lui-même.

L'air que nous soumettions à l'analyse était aspiré par des tubes de verre qui le puisaient dans le jardin de mon laboratoire, près du Jardin des Plantes. Quand nous faisions deux analyses simultanées, les deux tubes aspirateurs venaient se terminer au même point, et prenaient par conséquent l'air dans la même couche.

Avant d'arriver sur le cuivre qui devait lui enlever son oxygène, l'air se dépouillait d'abord d'acide carbonique en passant dans des appareils remplis de potasse liquide très concentrée, puis d'eau en traversant des tubes garnis d'acide sulfurique concentré et pur.

Nous n'avons tenu nul compte des traces d'hydrogène carboné qui existent dans l'atmosphère. Nous dirons plus loin comment il sera facile d'y avoir égard, quand l'échelle des expériences aura été suffisamment agrandie pour que cet hydrogène carboné puisse y jouer un rôle notable.

Les six analyses que nous allons rapporter en détail ont été faites deux à deux. L'air analysé était pris au même endroit pour les deux expériences de chaque jour, et leur durée était combinée de façon d'ailleurs que la plus longue, qui se passait sur 10 litres d'air environ, commençait un peu plus tôt et finissait un peu plus tard que l'autre, qui s'exécutait sur 6 litres seulement.

Nous avions pris cette précaution pour corriger l'erreur qui serait résultée d'une modification régulière que l'air aurait pu subir pendant la durée de l'expérience; les résultats ont prouvé qu'elle était superflue.

27 *avril*. — BEAU TEMPS. CIEL DÉCOUVERT

PREMIÈRE EXPÉRIENCE

Poids du tube :

Plein de cuivre et vide d'air.	$647^{gr},666$
Après l'expérience et plein d'azote. .	$651^{gr},415$
Après l'expérience et vide d'azote. .	$651^{gr},346$

Poids du ballon :

Contenant l'azote à 19° et 0^m,7627 . .	1.403,838	
Vide à 19°,40 et 0^m,7627	1.391,554	
Poids de l'oxygène	3,680	22,92
Poids de l'azote { du tube . 0,069 ; du ballon 12,304 }	12,373	77,08
Air analysé.	16,053	100,00

DEUXIÈME EXPÉRIENCE

Poids du tube :

Plein de cuivre et vide d'air	718^{gr},862	
Après l'expérience et plein d'azote. .	721^{gr},187	
Après l'expérience et vide d'azote . .	721^{gr},115	

Poids du ballon :

Contenant l'azote à 19°,60 et 0^m,7627 .	1.183,140	
Vide à 19°,80 et 0^m,7627	1.175,641	
Poids de l'oxygène.	2,253	22,92
Poids de l'azote { du tube . 0,072 ; du ballon 7,505 }	7,577	77,08
Air analysé.	9,830	100,00

28 *avril*. — BEAU TEMPS. CIEL DÉCOUVERT

PREMIÈRE EXPÉRIENCE

Poids du tube :

Plein de cuivre et vide d'air	721^{gr},153	
Après l'expérience et plein d'azote . .	723^{gr},488	
Après l'expérience et vide d'azote. . .	723^{gr},415	

Poids du ballon :

Contenant l'azote à 21°,08 et 0^m,7620.	1.183,190	
Vide à 21°,30 et 0^m,7620.	1.174,708	
Poids de l'oxygène	2,262	23,03
Poids de l'azote { du tube . 0,073 ; du ballon 7,488 }	7,561	76,97
Air analysé.	9,823	100,00

DEUXIÈME EXPÉRIENCE

Poids du tube :

Plein de cuivre et vide d'air	651^{gr},383
Après l'expérience et plein d'azote . .	655^{gr},130
Après l'expérience et vide d'azote . .	655^{gr},069

Poids du ballon :

Contenant l'azote à 21°,57 et 0^m,7619 .	1.403,904
Vide à 21°,82 et 0^m,7619.	1.391,702

Poids de l'oxygène		3,686	23,09
Poids de l'azote	du tube . 0,061 du ballon 12,219	12,280	76,91
Air analysé.		15,966	100,00

29 *avril*. — BEAU TEMPS. CIEL DÉCOUVERT

PREMIÈRE EXPÉRIENCE

Poids du tube :

Plein de cuivre et vide d'air 723gr,339

Après l'expérience et plein d'azote . . 725gr,675

Après l'expérience et vide d'azote . . . 725gr,600

Poids du ballon :

Contenant l'azote pesé dans l'air à 22°,40 et 0m,7615. . . . . 1.182,201

Vide pesé dans l'air à 22°,70 et 0m,7615 1.175,732

Poids de l'oxygène.		2,261	23,03
Poids de l'azote	du tube . 0,075 du ballon 7,481	7,556	76,97
Air analysé.		9,817	100,00

DEUXIÈME EXPÉRIENCE

Poids du tube :

Plein de cuivre et vide d'air 655gr,093

Après l'expérience et plein d'azote . . 658gr,826

Après l'expérience et vide d'azote. . . 658gr,763

Poids du ballon :

Contenant l'azote pesé dans l'air à 22°,70 et 0m,7623 . . . . 1.403,923

Vide pesé dans l'air à 22°,90 et 0m,7623 1.391,738

Poids de l'oxygène.		3,670	23,04
Poids de l'azote	du tube . 0,063 du ballon 12,195	12,258	76,96
Air analysé.		15,928	100,00

Ces six expériences simultanées deux à deux donnent donc, en résumé, les résultats suivants :

	PETIT BALLON.	BALLON MOYEN.	
	—	—	
27 avril, oxygène.	22,92	22,92	p. 100 d'air en poids.
28 avril, *ibid.* . .	23,03	23,09	—
29 avril, *ibid.* . .	23,03	23,04	—
Moyennes . .	22,993	23,016	—

Et en prenant la moyenne des six expériences, on trouve :

Oxygène.	230,10	ou bien	23
Azote.	769,90	—	77
	100,00		100

pour la composition de l'air en poids dans les circonstances où nous avons opéré.

Dans une expérience où nous opérions sur l'air pris dans le laboratoire même, nous n'avons trouvé que 22,3 d'oxygène pour 100 d'air en poids. Cette différence, à peine appréciable par les méthodes eudiométriques ordinaires, s'exprime dans notre procédé par des chiffres si considérables qu'elle ne saurait échapper à l'observation la moins attentive. Mais nous réservons pour une autre époque les recherches relatives à l'air vicié, que nous nous proposons d'accomplir en vue des études que la physiologie et l'hygiène réclament sous ce rapport.

Ainsi, en nous bornant à la composition de l'air normal, nous trouvons que dans les derniers jours d'avril, et par un beau temps, il était formé de 2.300 d'oxygène pour 7.700 d'azote en poids. Ce fait étant indépendant de toute correction, de tout coefficient, de toute hypothèse, peut servir à discuter quelques chiffres d'une très grande importance, savoir : la densité de l'azote et celle de l'oxygène. En effet, il faut qu'en prenant :

2.300 oxygène,
7.700 azote,

10.000 air,

et divisant chacun de ces nombres par les densités respectives de l'oxygène, de l'azote et de l'air, on retrouve un accord convenable dans les volumes qui s'en déduiront. Et comme la densité de l'air est l'unité, 10.000 d'air en poids en représentent 10.000 en volume, qui doivent former la somme des volumes de 2.300 oxygène et des 7.700 azote. On aurait donc :

$$\frac{2.300}{1,1026} + \frac{7.700}{0,976} = 10.000,$$

si les densités de l'oxygène et de l'azote données par M. Berzélius étaient exactes. Mais on a, tout au contraire,

$$\frac{2.300}{1,1026} = 2.086$$

$$\frac{7.799}{0,976} = 7.889$$

$$\overline{\quad 9.975 \quad}$$

Le volume de l'air qui devrait être égal à 10.000 ne s'élèverait donc qu'à 9.975 ; ce qui correspond à une erreur de $\frac{25}{10.000}$. Comme nous pensions qu'une telle erreur n'était pas possible dans nos expériences, nous avons jugé nécessaire de prendre avec des soins nouveaux la densité de l'oxygène et celle de l'azote.

Le principe sur lequel nous nous sommes fondés nous a entraînés peu à peu dans bien des tâtonnements ; mais nous espérons qu'il en sera résulté une méthode propre à introduire dans ces sortes de recherches une précision qui n'aura de limites que celle qui résulte de la capacité des vases, qui demeure bornée à certains termes difficiles à dépasser.

Prendre la densité d'un gaz, c'est par exemple en déterminer le poids et le volume. Pour cela, il faut connaître la capacité du vase et ramener les observations aux mêmes températures et aux mêmes pressions : ce qui fait intervenir dans les calculs pour des quantités plus ou moins fortes le coefficient de la dilatation de l'eau, celui de la dilatation du verre, celui de la dilatation du gaz, enfin l'application de la loi de Mariotte. Ces corrections prises isolément peuvent bien avoir des effets peu sensibles, mais réunies elles pourraient, en donnant des erreurs dans le même sens, conduire à des résultats qui manqueraient d'exactitude. Sans négliger cette méthode, nous ne nous en sommes servis que comme auxiliaire.

On peut aussi apprécier la densité d'un gaz en comparant le poids de l'air que perd un ballon où l'on fait le vide et celui du gaz qui peut y entrer pour en prendre la place. Cette méthode est très commode; on l'emploie le plus ordinairement, mais elle suppose que le gaz est recueilli d'avance dans un réservoir où on le puise pour remplir le ballon. Or, nous voulions éviter de préparer nos gaz à l'avance et de les conserver dans des récipients, pratique qui entraîne mille difficultés relativement à la pureté du gaz, à cause des échanges de gaz et d'air qui s'effectuent au contact du liquide saturé d'air.

Voici, en conséquence, la marche que nous avons suivie. Le gaz est préparé de façon à parvenir pur et sec à l'extrémité d'un tube qu'on met en communication avec un ballon vide. En ouvrant le robinet de ce vase, le gaz se précipite dans son intérieur. On règle sa production et son introduction dans le ballon d'une manière convenable pour qu'il y ait toujours dans l'appareil qui sert à le produire et à le purifier une pression supérieure à la pression ordinaire.

Lorsque le ballon est plein de gaz, on y fait le vide et on remplit une seconde fois. On suppose alors qu'il est plein de gaz pur, supposition qui n'entraîne aucune erreur appréciable à la balance.

Il faut procéder enfin aux pesées, qui se réduisent à trois : 1° la pesée du ballon plein de gaz ; 2° celle du ballon vide ; 3° celle du ballon plein d'air sec. Elles peuvent marcher très rapidement dans l'ordre indiqué, et elles fournissent : 1° le poids du gaz ; 2° le poids d'un volume égal d'air.

Dans cette méthode il devient inutile de connaître la tension exacte du gaz dans le ballon vide ; on pourrait même se dispenser de l'observer. La pression du gaz et celle de l'air sont égales à celle de l'atmosphère, et on les mesure sur le baromètre lui-même, qui, à la rigueur, n'a pas besoin d'être exact, puisqu'on n'a pas affaire aux pressions absolues, mais seulement à des pressions très voisines qu'il s'agit de rendre comparables en les ramenant à l'une d'elles prise comme unité.

Restait à connaître la température propre du gaz et celle de l'air dans lequel flotte le ballon pendant les pesées. C'est là, nous n'en doutons aucunement, que réside le secret des discordances qu'on observe dans les nombres exprimant les densités des gaz donnés par tant de physiciens et de chimistes illustres et si éloignés les uns des autres que personne n'a jamais osé prendre une moyenne entre eux.

Il est bien probable même que, si dans le plus grand nombre des cas, chaque observateur n'a donné qu'un seul résultat, c'est qu'il a choisi celle d'entre ses expériences qu'il regardait comme la meilleure et qu'il n'a rien dit des autres, considérant les écarts qu'elles offraient comme dus à des impuretés accidentelles de ses gaz.

Pour avoir des températures certaines, constantes, faciles à apprécier, nous avons dû placer dans le ballon un thermomètre qui permît de lire les centièmes de degré. La tige de ce thermomètre est engagée dans un tube de verre interposé entre la douille de ce ballon et son robinet. L'observateur peut donc lire la température exacte du gaz, sans avoir besoin de sortir le ballon de l'enceinte où il s'est mis en équilibre de température (*Pl. I, fig. 3*).

Cette enceinte ou cave artificielle est formée d'un grand vase cylindrique en zinc dont la paroi intérieure se trouve à 2 centimètres de la paroi extérieure. L'espace annulaire qu'elles laissent entre elles, l'espace compris entre le fond intérieur et le fond extérieur, sont remplis d'eau. L'ouverture de la cave est fermée par un couvercle mobile dans l'épaisseur duquel est logée une couche d'eau d'une épaisseur de 2 centimètres (*Pl. II, fig. 1 et 2*).

Le ballon logé dans cette enceinte se trouve entouré par conséquent d'une enveloppe d'eau de 2 décimètres, dont on connaît la température à un centième de degré près. Le ballon étant d'ailleurs muni d'un thermomètre qui indique sa température intérieure avec la même précision, il suffit d'attendre que les deux thermomètres soient d'accord pour avoir la certitude que le gaz possède partout la même température, à un centième de degré près. Cet accord, toutefois, n'arrive jamais à être absolu. Le thermomètre du ballon est toujours plus haut que celui de l'enceinte. Mais quand la différence n'est plus égale qu'à 3 ou 4 centièmes de degré, et que le thermomètre du ballon est demeuré stationnaire pendant trois quarts d'heure, nous regardons l'accord comme établi.

Il n'y aurait pas d'intérêt à pousser plus loin la précision à cet égard, par la raison que dans nos ballons les plus volumineux une erreur d'un centième de degré ne correspond qu'à une erreur sur le poids de $\frac{7}{10}$ de milligramme, poids qu'une balance chargée de 1 ou 2 kilogrammes n'apprécie plus.

Au moment où l'on ferme le robinet du ballon, on connaît

donc la pression du gaz au $\frac{1}{20}$ de millimètre, puisqu'elle est égale à celle de l'air extérieur exprimée par le baromètre, et l'on peut répondre de sa température au centième de degré.

Cette simplicité et cette certitude dans les deux déterminations dont il s'agit n'ont jamais été obtenues dans les expériences d'où l'on a déduit les densités du gaz. Relativement à la pression, parce qu'on recevait toujours le gaz d'un réservoir dont la pression intérieure exigeait une observation distincte de celle du baromètre et toujours bien moins exacte ; relativement à la température, parce qu'on a toujours évalué celle du gaz au moyen d'un ou plusieurs thermomètres placés dans le voisinage du ballon, ce qui a pu causer des erreurs considérables. Les gaz, en se précipitant dans le ballon, s'échauffent, et rien n'indique le moment où l'équilibre est rétabli, si l'on n'a muni le ballon d'un thermomètre intérieur. Enfin, rien ne donne la mesure exacte des températures intérieures du ballon, si celui-ci demeure exposé aux rayonnements extérieurs et s'il n'est pas plongé dans une enceinte à température fixe, comme celle dont nous avons fait usage.

Pour avoir le poids exact du ballon, il faut des précautions du même ordre.

En effet, quand le ballon est suspendu au crochet de la balance, et que l'observateur s'en approche pour peser, il échauffe le ballon et l'air qui l'entoure : des courants s'établissent ; le poids apparent du ballon varie sans règle et dans des limites qui détruisent toute idée de précision absolue.

Nous avons fait usage d'une balance de Fortin, construite avec le plus grand soin par M. Delcuil, balancier de la Monnaie. Elle est placée sur une large armoire doublée en plomb et garnie à l'intérieur d'une couche de chaux vive qui y maintient l'air à un état hygrométrique constant. Le ballon suspendu au crochet de la balance flotte dans cette armoire, et les portes de celle-ci étant fermées, il est à l'abri de tous les rayonnements extérieurs. Un thermomètre qui donne les centièmes de degré, placé à côté du ballon donne immédiatement la température de l'air de l'armoire ; un baromètre placé à côté d'elle donne sa pression.

En général, nous ne pouvons pas peser un ballon deux fois de suite de manière à trouver le même poids apparent ; mais, en général aussi, la température de l'air de l'armoire a subi des changements de quelques centièmes de degré, et, correction faite, les pesées coïncident. Si l'observateur ne pouvait pas tenir compte de la température de l'air avec l'extrême précision que nous y portons, il serait conduit à prendre une moyenne entre des pesées discordantes en apparence, et sa moyenne serait fausse ; tandis qu'en réalité les pesées étaient justes et ne demandaient qu'une correction de température pour se montrer parfaitement d'accord entre elles.

Au moyen de ces procédés, nous avons pris d'abord la densité de l'oxygène, et nous l'avons prise un si grand nombre de fois qu'il nous est démontré avec la dernière évidence que la densité 1,1026, donnée par MM. Berzélius et Dulong, ne peut être conservée et s'éloigne plus qu'aucune autre de la vérité, comme le craignait du reste M. Dulong.

Les expériences que nous avons exécutées les dernières, et où nous avions réuni tous les moyens propres à en assurer la parfaite exactitude, ont été faites avec de l'oxygène préparé par un mélange d'acide sulfurique concentré et de peroxyde de manganèse. Le gaz se purifiait en passant à travers des tubes ou flacons garnis d'acide sulfurique concentré et pur (*Pl. II, fig. 1*).

On remplissait le ballon une première fois d'oxygène, et l'on y faisait le vide ensuite, pour le remplir une seconde fois. Ordinairement, on se bornait à ce second remplissage ; le calcul prouve qu'un troisième était inutile : l'expérience suivante ne laisse aucun doute à cet égard.

BALLON REMPLI D'OXYGÈNE POUR LA DEUXIÈME FOIS

1387,948 plein d'oxygène à 18°50 et 0,7660, pesé dans l'air à 18°50 et 0,7660.

BALLON REMPLI D'OXYGÈNE POUR LA TROISIÈME FOIS

1387,953 plein d'oxygène à 18°45 et 0,7659, pesé dans l'air à 18°50 et 0,7659.

En ramenant la seconde pesée à ce qu'elle eût été dans les circonstances où s'est faite la première, on aurait ;

Première pesée.	1.387,948
Deuxième pesée	1.387,951

Ainsi la pesée du ballon où l'on a renouvelé trois fois l'oxygène diffère de la pesée du ballon où le gaz n'a été renouvelé que deux fois d'environ 2 ou 3 milligrammes, différence presque inévitable entre deux pesées successives d'un même ballon.

Nous ajouterons ici l'indication d'une précaution très importante. Quand le ballon est plein de gaz, que la pression est rétablie, on attend avant d'en fermer le robinet que la température soit devenue stationnaire. Alors on ferme le ballon, on observe de suite la température et la pression indiquée par le baromètre.

On porte le ballon dans la cage de la balance, et on l'y laisse une demi-heure au moins pour qu'il en prenne la température à peu près. On l'essuie avec soin et l'on commence les pesées. Les premières sont souvent incorrectes; mais ensuite elles se régularisent, et en pesant quatre ou cinq fois de suite le ballon, on retrouve exactement le même poids, correction faite de la température de la cage. Nous ne regardons la pesée comme assurée qu'autant que cette dernière condition se trouve remplie. Ordinairement, quand on commence les pesées, le ballon se montre trop lourd, probablement par suite du dépôt d'un peu d'eau hygrométrique sur sa surface extérieure, et souvent au contraire parce qu'il est bien sec, et qu'en l'essuyant on l'a électrisé. Cet accident est bien plus fréquent qu'on ne pense. Alors le ballon décompose par influence l'électricité des corps voisins, et se trouve attiré par eux.

Ainsi, quoique nous n'indiquions ici qu'une seule pesée du ballon plein ou vide, il est bien entendu qu'on a répété ces pesées quatre ou cinq fois, et qu'on s'est assuré que les variations du poids apparent du ballon étaient parfaitement d'accord avec les variations de la température de l'air de la cage; sans parler de la pression qui ordinairement ne change pas pendant la durée de ces opérations.

Voici les trois dernières expériences que nous avons exécutées sur la densité de l'oxygène.

DENSITÉ DE L'OXYGÈNE

1387gr,955, poids du ballon plein d'oxygène à 18°,45 et 0,7659, pesé dans l'air à 18°,50.

1379gr,173, poids du ballon vide à 18°,45 et 0,7659, pesé dans l'air à 18°,75.

1387gr,120, poids du ballon plein d'air sec à 18°,40 et 0,7659, pesé dans l'air à 18°,60.

DENSITÉ = 1,1055

1387gr,980, poids du ballon plein d'oxygène à 18°,05 et 0,7630, pesé dans l'air à 19°,28.

1379gr,256, poids du ballon vide pesé dans l'air à 0,7634 et à 19°,45.

1387gr,157, poids du ballon plein d'air sec à 17°,90 et 0,7641, pesé dans l'air à 19°,25.

DENSITÉ = 1,1058

1387gr,933, poids du ballon plein d'oxygène à 18°,5 et 0,7641, pesé dans l'air à 19°,25.

1379gr,142, poids du ballon vide pesé dans l'air à 0,7667 et à 17°,52.

1387gr,102, poids du ballon plein d'air sec à 18°,38 et 0,7664, pesé dans l'air à 17°,7.

DENSITÉ = 1,1057

Première expérience	1,1055
Deuxième expérience	1,1058
Troisième expérience	1,1057
	3,3170
Moyenne	1,1057

Cette valeur s'accorde presque exactement avec la densité adoptée par M. Th. de Saussure, 1,1056. Elle se rapproche beaucoup aussi de l'ancienne densité de MM. Biot et Arago, 1,1036; et si celle-ci se montre un peu faible, cela tient sans nul doute à ce que le gaz oxygène préparé avec tant de soin et de scrupule par M. Thénard, pour les expériences de MM. Biot et Arago, s'était souillé d'un peu d'air en traversant l'eau qui a servi à le transvaser[1].

[1] Voici les diverses densités attribuées à l'oxygène :

1,087	Fourcroy, Vauquelin, Seguin.	1,1036	Biot et Arago.
1,088	Allen et Pepys.	1,1056	Th. de Saussure.
1,1026	Berzélius et Dulong.	1,1111	Thomson.
1,103	Kirwan.	1,128	H. Davy.

Les expériences nombreuses d'ailleurs que nous avons faites, et que nous ne rapportons pas, sur cette densité oscilleraient entre 1,105 et 1,107. Jamais nous n'avons obtenu un nombre aussi bas que celui de MM. Berzélius et Dulong, ni un nombre aussi haut que celui de MM. Thomson et Davy; nous demeurons parfaitement convaincus de leur inexactitude, surtout en ce qui concerne le premier.

Si, dans ces premières expériences que nous avons rejetées, les écarts sont de 1,105 à 1,107, cela tient à ce que nous n'avions pas encore adopté l'emploi de la cave, ni celui du thermomètre engagé dans le ballon, et susceptible d'être observé à l'aise et sans erreur. Nous commettions donc des fautes sur la température de notre gaz, que nous sommes parvenus à éviter.

La correction que nous venons de faire subir à la densité de l'oxygène, loin de rétablir l'accord entre la composition de l'air, que nous avons déterminée par des expériences précises, et les densités de l'oxygène et de l'azote, ne fait qu'accroître l'écart que nous avons mis en évidence plus haut. En effet, on aurait

$$\frac{2.300}{1,1057} = 20,80, \text{ volume de l'oxygène;}$$

$$\frac{7.700}{0,976} = 78,89, \text{ volume de l'azote;}$$

$$99,69, \text{ volume de l'air au lieu de } 100,00.$$

c'est-à-dire qu'avec notre composition de l'air, notre densité de l'oxygène et la densité de l'azote de MM. Berzélius et Dulong, on ne peut plus représenter la densité de l'air. L'erreur est énorme, car pour un élément de cette importance, c'est une erreur énorme que $\frac{1}{2}$ p. 100 environ.

Cela tient à ce que MM. Berzélius et Dulong ayant admis une composition de l'air à peu près semblable à celle que nous trouvons nous-mêmes, ont été conduits à compenser, par une densité trop élevée de l'azote, la densité beaucoup trop faible de l'oxygène à laquelle ils s'étaient arrêtés.

Nous avons pris la densité de l'azote au moyen de l'azote extrait de l'air lui-même par le cuivre, et en absorbant l'acide carbonique et l'eau à l'aide de la potasse et de l'acide sulfurique. L'appareil représenté *Pl. I, fig. 1 et 2*, n'offre rien de particulier, si ce n'est un petit ballon auxiliaire par l'intermédiaire duquel le grand ballon est mis en communication avec l'air extérieur, au moment où l'on équilibre la pression. Voici les résultats de trois expériences.

DENSITÉ DE L'AZOTE

1401gr,190, poids du ballon plein d'azote à 19°,3 et à 0,764, pesé dans l'air à 12°,2.

1388gr,032, poids du ballon vide, pesé dans l'air à 12°,5.

1401gr,190, poids du ballon plein d'air sec à 13° et à 0,761, pesé dans l'air à 13°, et à 0,761.

Densité = 0,970

1397gr,692, poids du ballon plein d'azote à 11°,5 et 0,7568, pesé dans l'air à 10°.

1385gr,018, poids du ballon vide, pesé dans l'air à 10°,5.

1398gr,075, poids du ballon plein d'air sec à 11°,5 et 0,7568, pesé dans l'air à 10°,5

Densité = 0,972

1183gr,346, poids du ballon plein d'azote à 11°,60 et 0,7505, pesé dans l'air à 13°,80.

1175gr,608, poids du ballon vide, pesé dans l'air à 14°.

1183gr,540, poids du ballon plein d'air sec à 12° et 0,7505, pesé dans l'air à 13°,95.

Densité = 0,974

Première expérience	0,970
Deuxième expérience.	0,972
Troisième expérience.	0,974
Moyenne	0,972

En adoptant cette densité, celle de l'oxygène et le rapport en poids par lequel nous avons représenté la composition de l'air, on trouve les nombres suivants :

$$\frac{2.300}{1,1057} = 20,80, \text{ volume de l'oxygène;}$$

$$\frac{7.700}{0,972} = 79,22, \text{ volume de l'azote;}$$

$$100,02, \text{ volume de l'air,}$$

qui représentent à $\frac{2}{10.000}$ près la densité de l'air prise pour unité.

En prenant les nombres tels que les expériences les donnent,

$$\frac{2.301}{1,1057} = 20,80, \text{ volume de l'oxygène ;}$$
$$\frac{7.699}{0,972} = 79,19, \text{ volume de l'azote ;}$$
$$100,00, \text{ volume de l'air,}$$

l'accord deviendrait absolu.

Cependant, nous admettrons comme suffisamment approchée l'expression de la composition de l'air qui consiste à le considérer comme étant formé en volumes de 20,8 d'oxygène pour 79,2 d'azote.

Cette expression s'éloigne peu, comme on voit, de l'opinion commune, et néanmoins elle a exigé les corrections les plus graves sur les densités de l'azote et de l'oxygène pour ressortir de la composition pondérale de l'air.

En considérant, pour un moment, comme l'air normal celui que nous avons recueilli vers la fin d'avril par un temps sec et beau, aux environs du Jardin des Plantes, nous pouvions donc regarder maintenant sa composition comme parfaitement établie à moins d'un millième en poids ou en volume à volonté.

Mais cette composition doit varier. Quand il pleut, l'eau qui se condense dissout et entraîne plus d'oxygène que d'azote. Quand il gèle, l'eau abandonne ces mêmes gaz ; l'eau qui s'évapore les rend aussi à l'atmosphère. Les combustions, la respiration des animaux enlèvent de l'oxygène à l'air ; les plantes par leurs parties vertes lui en rendent chaque jour sous l'influence solaire. Ces causes, et bien d'autres sans doute, tendent à troubler l'équilibre des éléments de l'atmosphère dans un point donné, les unes dans un sens, les autres dans le sens opposé. Restait donc à savoir si la tendance qu'ont les gaz à se mêler, aidée par les courants verticaux que la différence de température excite, favorisée par les vents qui transportent et confondent sans cesse au loin les couches horizontales de l'air, ne ferait pas disparaître rapidement la différence momentanée résultant de l'action locale des causes que nous venons d'indiquer sommairement.

Des expériences dirigées dans ce sens exigeraient, pour être positives, un temps que nous ne pouvions y consacrer et l'intervention d'appareils que nous ne possédons pas encore. En exécutant nos essais, nous avons donc eu surtout en vue de chercher la limite au-dessous de laquelle il serait utile d'en entreprendre de telles.

Toutes les expériences rapportées précédemment ayant été faites par un temps sec et beau, nous les avons répétées par un jour de pluie ; l'oxygène de l'air étant entraîné en dissolution par l'eau, en proportion plus forte que l'azote, cette circonstance promettait des différences plus appréciables qu'aucune de celles que nous pouvions imaginer. Nous n'avons pu réaliser notre désir malheureusement qu'à une distance un peu éloignée de nos premières analyses. Voici nos résultats :

29 mai. — GRAND BALLON

Pluie six heures avant et pendant toute la durée de l'expérience.

Poids du tube :		
Plein de cuivre et vide d'air	640gr,933	
Après l'expérience et plein d'azote. .	646gr,633	
Vide d'azote	646gr,581	
Poids du ballon :		
Contenant l'azote à 22°,80 et 0m,7620.	1.480,948	
Vide à 23° et 0m,7621	1.462,121	
Poids de l'oxygène	5,648	23,015
Poids de l'azote { du ballon 18.840 ; du tube . 0,052 }	18,892	76,985
Air analysé.	24,540	100.000

Ainsi, tandis que la moyenne de nos expériences par un beau temps donne :

230,10 d'oxygène pour 100,000 d'air,

nous trouvons par une pluie continue :

230,15 d'oxygène pour 100,000 d'air,

c'est-à-dire exactement la même proportion. On pourrait

supposer, il est vrai, que la différence de saison a compensé la différence produite par la pluie ; mais ce sont là des nuances trop délicates pour être mises en évidence autrement que par une suite d'expériences nombreuses exécutées avec soin dans un laboratoire consacré à de telles études météorologiques. Il nous est démontré du moins que l'oxygène ne varie pas d'un millième sous l'influence de la pluie ; résultat qu'on expliquera, si l'on veut, en disant qu'avant de parvenir à 4 mètres du sol, hauteur à laquelle nous puisions l'air pour l'analyse, l'eau pluviale s'était déjà saturée d'air dans les régions supérieures de l'atmosphère qu'elle avait traversées. Mais en ce cas, l'analyse n'apprendrait quelque chose qu'à condition de lancer à une hauteur considérable un ballon destiné à porter dans la couche d'air où la pluie se précipite le tube aspirateur qui fournit à l'appareil l'air destiné à l'analyse.

La quantité d'oxygène varie-t-elle avec la hauteur ? Rien ne l'annonce jusqu'ici, et l'on est parfaitement autorisé à croire le contraire par des expériences positives.

L'air rapporté par M. Gay-Lussac d'une hauteur de 7.000 mètres environ fut soumis à l'analyse par notre illustre confrère et par M. Thénard. On ne savait point alors comme aujourd'hui avec quelle facilité l'hydrogène se souille d'air au contact de l'eau. Aussi les analyses indiquent-elles un peu trop d'oxygène : 21,65. Mais comme on eut la précaution d'analyser en même temps, de la même manière, avec le même hydrogène, l'air pris dans la cour du Palais Bourbon, il demeure démontré, par l'identité des résultats, que l'air pris au niveau du sol et celui que M. Gay-Lussac avait puisé à 7.000 mètres avaient en ce moment la même composition dans les limites de précision que comporte l'eudiomètre.

Les nombreuses analyses exécutées en Amérique par l'un de nous se représentent en moyenne par les nombres suivants :

		OXYGÈNE p. 100 en volumes.
à Santa-Fé de Bogota,	à 2.650 mètres	20,65
à Ibaqué,	à 1.323 —	20,70
à Mariquita,	à 548 —	20,77
Moyenne.		20,70

Ces résultats s'accordent, comme on voit, avec ceux que nous venons de trouver pour la composition de l'air pris à Paris. Ils indiquent du moins que les différences, s'il y en a, ne sont pas de l'ordre des différences indiquées par la théorie, les calculs et même les expériences de Dalton.

Le Dr Dalton a publié, en effet, une série d'expériences variées et nombreuses, desquelles il résulterait que le rapport de l'oxygène à l'azote n'est pas le même dans toutes les localités à la surface de la terre; qu'il varie avec les saisons et avec les hauteurs. Ses analyses démontreraient qu'à mesure qu'on s'élève dans l'atmosphère, l'oxygène y diminue d'une manière très notable, quoique moindre que celle qui serait indiquée par sa théorie, ce qu'il attribue aux effets inévitables de l'agitation de l'atmosphère. Voici les principaux résultats auxquels il est parvenu :

	Oxygène p. 100 en volumes.		Oxygène p. 100 en volumes
	—		—
Montagne d'Helvellyn, 900 m.	20,70	Manchester.	20,88
— — —	20,58	—	21,10
Sur le Showdon, 1.050 m. .	20,65	—	20,80
Air pris en ballon à 2.880 m.	20,52	—	20,92
— — à 4.500 m.	20,59	—	20,95
Air pris à la mer de glace .	20,20		
Air du Simplon	19,98		
Wengern-Alp	20,45		
—	20,11		

En étudiant ces nombres, on voit que parmi les analyses de M. Dalton, celles qu'il a faites sur l'air recueilli récemment se trouvent comprises dans les limites possibles des erreurs de l'eudiomètre à l'hydrogène ; celles qui ont été exécutées avec de l'air rapporté des Alpes s'en éloignent au contraire beaucoup. Faut-il attribuer ces différences à une altération accidentelle de l'air ou à une modification réelle dans la composition de l'atmosphère des lieux élevés ? C'est ce que nous désirions très vivement éclaircir.

Pour cela, il fallait comparer l'air analysé à une hauteur un peu considérable, et par des moyens analogues aux nôtres avec celui que nous avions analysé nous-mêmes. Nous avons donc saisi avec un vif empressement le moyen d'utiliser dans ce but les excellentes observations du professeur Brunner de Berne Ce chimiste habile et plein de dévouement aux progrès de la science a été passer quelques semaines au sommet du Faulhorn, une des montagnes de l'Oberland bernois, dans une maison située à une hauteur de 1.950 mètres ; et là il s'est livré chaque jour à l'analyse de l'air. Comme le Faulhorn et la Wengern-Alp font partie de la même masse de montagnes, les expériences de M. Brunner peuvent servir de contrôle aux analyses que M. Dalton a faites sur l'air pris dans cette localité.

Au premier abord, les analyses de M. Brunner et les nôtres paraîtraient peu comparables. En effet, l'habile professeur de Berne enlève l'oxygène à l'air au moyen de phosphore, et il apprécie cet oxygène par la pesée. Mais comme dans chacune de ses expériences le poids de l'oxygène ne dépasse guère 120 ou 130 milligrammes, l'erreur qu'il peut commettre à son sujet doit s'élever au moins à $\frac{1}{100}$ et même à $\frac{1}{80}$.

Quant à l'azote, M. Brunner le mesure, et il en déduit le poids d'après sa densité.

Ainsi pratiquée, sur une échelle évidemment trop faible, cette méthode indiquerait des variations dans l'oxygène qui iraient de 20,8 à 21,1 en volume pour 100 d'air. Mais, comme on le voit, cette différence peut tenir aux erreurs des pesées, car elle ne dépasse pas $\frac{1}{70}$ et se trouve à peu près comprise dans les erreurs présumables de l'expérience même. D'ailleurs les nombres extrêmes sont identiques avec ceux que donne l'analyse eudiométrique à Berne ou à Paris.

Mais autant il était difficile de tirer parti des expériences partielles de M. Brunner, autant elles sont devenues précieuses quand nous les avons considérées dans leur ensemble. En effet, en les réunissant pour en faire une expérience unique, les erreurs de pesée ont dû se compenser ; et si, comme nous le pensons, la composition de l'air varie peu d'un jour à l'autre, il n'importe guère que cette expérience ait duré quatorze jours ou bien qu'elle ait été faite d'un seul coup.

M. Brunner, dans ses quatorze expériences, a recueilli

chaque fois 445^{cm3},07 d'azote sec, en tout 6.510,93, à une pression moyenne de 0, 556131 et à une température moyenne de 11°,92.

Ces nombres représentent 4562^{cm3},32 d'azote à 0° et 0,76, c'est-à-dire en poids 5^{gr},7649, la densité de l'azote étant égale à 0,972.

La somme des quatorze déterminations d'oxygène donne 1^{gr},723 pour le poids total de ce gaz.

Ainsi au sommet du Faulhorn, pendant le mois de juillet 1833, l'air renfermait les éléments suivants :

Oxygène	1,7230	23,010
Azote	5,7649	76,990
	7,4879	100,000

Tandis que nous trouvons 23,010 comme moyenne de nos analyses, M. Brunner aurait donc trouvé 23,010, comme moyenne des siennes. Qu'on prenne du reste 23,010 ou bien 23,015 qui résulteraient de nos meilleures expériences, il est clair que les différences de cet ordre tiennent à de simples erreurs d'observation ou se confondent avec elles.

Il est peu probable que pendant la durée des expériences de M. Brunner, il y ait eu des variations de composition dans l'air du Faulhorn, quoique ses expériences partielles en indiquent de légères, que nous attribuons aux erreurs de pesée. Il demeure donc démontré pour nous que la composition de l'air au sommet de cette montagne était précisément la même que nous trouvons à Paris en ce moment, notre assertion étant renfermée dans les limites que l'observation peut atteindre, c'est à-dire au millième près, car nous ne voulons pas aller plus loin, quoique les chiffres permettent de le faire.

Le procédé de M. Brunner a reçu tout récemment une application nouvelle dans une localité intéressante, à cause de la distance qui la sépare de Paris et de Berne : c'est Groningue. L'auteur, M. B. Verver, n'indique pas l'année de ses expériences par inadvertance, mais tout porte à croire qu'elles ont eu lieu en 1839. Elles ont été exécutées d'ailleurs dans le courant de mai et d'août.

Elle conduisent précisément à la même conséquence, car, d'après l'ensemble des expériences de M. Verver, l'air renfermerait à Groningue, en poids 22,998 d'oxygène ou 23, comme nous le trouvons à Paris, et comme le trouve M. Brunner à Berne ou au Faulhorn.

Ainsi, sans prétendre que les opinions du Dr Dalton sur la constitution de l'atmosphère soient mal fondées, il demeure démontré pour nous que par l'effet de la diffusion des gaz, par les diverses causes d'agitation qui tendent sans cesse à mêler les couches de l'air entre elles, la différence qui pourrait exister avec l'oxygène et l'azote à diverses hauteurs devient insensible.

Si la composition de l'air ne varie point avec la hauteur, si elle ne fait découvrir aucun changement appréciable quand on en fait l'analyse en deux points situés à quelque distance, en est-il de même lorsque l'on compare le rapport des gaz qui les constituent à deux époques un peu éloignées ?

Cette question pleine d'intérêt a déjà excité la sollicitude de Laplace et celle de M. Thénard. Nos deux illustres confrères auraient désiré qu'une analyse de l'air, exécutée de temps en temps d'une manière officielle, permît de fixer pour une époque donnée la véritable constitution de l'atmosphère et d'en suivre les modifications s'il s'en était présenté.

Si l'Académie n'a pas jusqu'ici rempli ce désir, c'est, il faut se hâter de le dire, que les méthodes analytiques étaient à cet égard tout à fait impuissantes. Nous ferons voir même, bientôt, que si le procédé que nous venons d'employer n'était pas convenablement modifié, il n'offrirait aucune chance pour découvrir les variations que la composition de l'air est susceptible d'éprouver par les causes qui agissent actuellement à la surface du globe, et dont l'effet ne saurait atteindre les limites dans lesquelles se trouvaient bornées les anciennes analyses de l'air ou même celles que nous venons d'exécuter.

Ce n'est donc pas dans les anciennes analyses de l'air que nous pouvions trouver quelques termes de comparaison propres à vérifier les doutes relatifs à la permanence de la constitution de l'atmosphère.

Mais il nous a paru que le poids du litre d'air, pris avec tant de soin par MM. Biot et Arago, offrait un excellent terme de comparaison. Si ce poids n'est plus le même aujourd'hui, c'est que sans doute la composition de l'air se trouve changée;

mais si ce poids n'a pas varié, il doit être permis d'en conclure que la composition de l'air est demeurée telle qu'elle était il y a quarante ans. Comme le poids du litre d'air a été déterminé à $\frac{1}{1.000}$ près environ, la précision que cette comparaison comporte surpasse celle qu'on obtiendrait par tout autre procédé.

Nous avons cherché à rendre cette comparaison aussi sûre que possible, en prenant un ballon à peu près de la même capacité que celui qui avait servi à MM. Biot et Arago ; en faisant nos pesées à la même température qu'eux ; enfin en pesant le ballon à l'air libre, sans thermomètre intérieur, c'est-à-dire absolument comme on le pratiquait avant que nous eussions appliqué à ces sortes d'expériences les précautions que nous avons décrites.

Quatre expériences faites de la sorte par l'un de nous, conjointement avec M. Stas, l'année dernière, donneraient 1,2995 pour le poids du litre d'air, tandis que MM. Biot et Arago ont trouvé 1,2991.

Ces nombres sont comparables ; mais pour obtenir une valeur plus sûre du poids du litre d'air, il faut évidemment introduire dans cette pesée les précautions que nous avons signalées dans la densité de l'oxygène et de l'azote. Nous nous en occupons.

En attendant nous pouvons déduire :

1° De cette comparaison du poids du litre d'air sec à 0° et $0^m,76$;

2° Des analyses si justement célèbres de MM. Gay-Lussac et de Humboldt comparées aux nôtres :

Que la composition de l'air atmosphérique n'a pas varié d'une manière appréciable depuis quarante années. Cette conclusion ne surprendra pas les météorologistes, à qui une longue habitude a appris à envisager les phénomènes atmosphériques comme moins faciles à modifier par des causes accidentelles qu'on ne l'admet communément.

Il demeure donc démontré pour nous que le rapport de l'oxygène à l'azote dans l'air n'est pas exprimé par des nombres simples en volume ; que ce rapport est invariable au millième près dans des latitudes éloignées, à des époques assez distantes et à des hauteurs fort différentes.

Les phénomènes de la vie organique, les décompositions spontanées des animaux et des plantes, les combustions ou oxydations qui s'accomplissent à la surface de la terre, tous ces événements que notre imagination se plaît à grandir sont, heureusement sans doute, de ces faits qui passent pour ainsi dire inaperçus en ce qui concerne la composition générale de l'air qui nous entoure. Pour atteindre la limite à laquelle deviendraient sensibles les variations que l'atmosphère pourrait éprouver de la part des animaux ou des plantes, de la part des saisons, des pluies et des vents ; pour décider si sa composition demeure invariable à diverses latitudes ou à diverses hauteurs, il ne s'agit donc plus d'exécuter l'analyse de l'air à $\frac{1}{50}$, comme on le pratiquait autrefois, ni même à $\frac{1}{1.000}$, comme nous venons de le faire : il faut aller bien plus loin encore ; comme si, par une prévision providentielle, la nature n'avait pas voulu que les altérations possibles de l'atmosphère par le jeu régulier des forces qui agissent à la surface de la terre pussent jamais approcher, même de loin, de la limite où la vie des animaux et celle des plantes pourraient en souffrir.

Quelques calculs qui ne peuvent avoir une précision bien absolue sans doute, mais qui reposent néanmoins sur un ensemble de données suffisamment certaines, vont montrer jusqu'où il conviendrait de pousser l'approximation pour atteindre la limite où les variations de l'oxygène pourraient se manifester d'une manière sensible.

L'atmosphère est sans cesse agitée ; les courants excités par la chaleur, par les vents, par les phénomènes électriques, en mêlent et en confondent sans cesse les diverses couches. C'est donc la masse générale qui devrait être altérée pour que l'analyse pût indiquer des différences d'une époque à une autre.

Mais cette masse est énorme. Si nous pouvions mettre l'atmosphère tout entière dans un ballon et suspendre celui-ci à une balance, pour lui faire équilibre il faudrait dans le plateau opposé 4.000 cubes de cuivre d'une lieue de côté ou plus exactement, 581.000 cubes de cuivre de 1 kilomètre de côté.

Supposons maintenant, avec B. Prévost, que chaque homme

consomme un 1 kilogramme d'oxygène par jour, qu'il y ait mille millions d'hommes sur la terre, et que, par l'effet de la respiration des animaux ou par la putréfaction des matières organiques, cette consommation attribuée aux hommes soit quadruplée.

Supposons de plus que l'oxygène dégagé par les plantes vienne compenser seulement l'effet des causes d'absorption d'oxygène oubliées dans notre estimation ; ce sera mettre bien haut à coup sûr les chances d'altération de l'air.

Eh bien, dans cette hypothèse exagérée, au bout d'un siècle tout le genre humain réuni, et trois fois son équivalent, n'auraient absorbé qu'une quantité d'oxygène égale à 15 ou 16 cubes de cuivre de 1 kilomètre de côté, tandis que l'air en renferme près de 134.000.

Ainsi, prétendre qu'en y employant tous leurs efforts, les animaux qui peuplent la surface de la terre pourraient en un siècle souiller l'air qu'ils respirent au point de lui ôter la huit millième partie de l'oxygène que la nature y a déposé, c'est faire une supposition infiniment supérieure à la réalité.

Rien de plus facile à vérifier que cette conclusion dans ce qu'elle a de général.

La respiration des animaux produit de l'acide carbonique; les plantes le détruisent, en s'emparant du carbone et restituant l'oxygène à l'air. Les modifications que l'air peut éprouver sous le rapport de l'oxygène seront donc tout au plus du même ordre que les modifications qu'on observe dans l'air sous le rapport de l'acide carbonique.

Or il a été facile d'estimer rigoureusement le poids de l'acide carbonique contenu dans l'air, au moyen de la méthode générale imaginée à ce sujet par M. Thénard, et qui consiste à peser à l'état de carbonate l'acide carbonique fourni par un grand volume d'air qu'on mesure avec soin. Cette méthode, modifiée dans ses détails par MM. de Saussure et Brunner, a permis d'établir que l'acide carbonique de l'air varie à peu près en volume de $\frac{4 \text{ à } 6}{10.000}$. En supposant que cet acide carbonique vienne de l'oxygène fourni par l'air et qu'il n'ait rien de commun avec celui que les volcans émettent sans cesse, la différence de ces nombres qui est égale à $\frac{2}{10.000}$ du volume de l'air exprimerait la variation que l'oxygène aurait éprouvée.

Ainsi, dans 10.000 volumes d'air on trouverait 2.081 ou bien 2.083 d'oxygène.

Cette différence serait évidemment inappréciable, si l'on se bornait à analyser 10 grammes et même 25 grammes d'air, comme nous l'avons fait, puisqu'elle serait représentée par 2 ou 3 milligrammes environ.

En opérant sur 100 grammes d'air, elle serait représentée par 20 ou 30 milligrammes.

En opérant sur 1.000 grammes d'air, elle serait représentée par 200 ou 300 milligrammes.

Il faut en arriver là, si l'on veut que l'analyse de l'air puisse réellement devenir de quelque utilité dans la discussion des lois générales de la physique du globe.

Mais comme nous n'avons aucun moyen de peser un mètre cube d'azote, il faut évidemment transformer le procédé que nous venons de décrire en un autre où l'azote sera mesuré et où l'oxygène seul sera pesé.

Il faut placer dans une cave un appareil d'un mètre cube plein d'eau, et la faire écouler en aspirant ainsi, pour la remplacer, l'azote de l'air, qui aura perdu son oxygène en passant au travers d'une série de tubes pleins de cuivre et chauffée au rouge. Il suffirait de trois tubes contenant chacun 1 kilogramme de cuivre pour dépouiller d'oxygène 1 mètre cube d'azote.

En pesant ces trois tubes, ils feront connaître l'oxygène de l'air avec une précision digne de l'état actuel des sciences, car on aura fixé 376.000 milligrammes d'oxygène, et en exécutant une dizaine d'expériences, on pourra déterminer l'oxygène à $\frac{1}{300.000}$ près avec sécurité.

Le point délicat de ces expériences consiste à mesurer l'azote à une température exacte. En plaçant l'appareil aspirateur dans une cave à température invariable, comme la cave de l'Observatoire, cette condition sera parfaitement remplie.

Parmi les phénomènes relatifs à la composition de l'air dans quelques circonstances particulières, il en est quelques-uns qui touchent à des questions d'hygiène, et sous ce rapport les variations de l'acide carbonique ou de l'oxygène dans des lieux habités, la présence et la proportion d'acide sulfhydrique au milieu des villes, occupent le premier rang. Cette étude fera l'objet d'un Mémoire spécial, les expériences exigeant l'emploi de cet appareil aspirateur maintenant en construction.

D'autres faits relatifs à la constitution générale de l'atmosphère seront examinés par la même occasion et à l'aide des mêmes moyens. Ils concernent la présence dans l'air de l'ammoniaque et celle du gaz des marais. deux corps qui s'y trouvent en effet et qui y jouent un rôle important. Leur proportion. très délicate à déterminer, a déjà été l'objet de quelques expériences de notre part. Relativement au gaz des marais, nous pouvons assurer que sa proportion dans l'air de Paris ne dépasse pas celle que l'un de nous a déjà trouvée dans l'air pris à Lyon. Elle est donc très inférieure dans ces deux localités à celle que M. Verver attribue, d'après ses expériences, à l'air pris à Groningue.

En résumé, nos recherches corrigent les erreurs commises sur la densité de l'oxygène et celle de l'azote, et fixent la densité de l'oxygène à 1,1057 et celle de l'azote à 0,972.

Elles font voir que l'air ne peut nullement être regardé comme un composé chimique formé de 20 volumes d'oxygène pour 80 d'azote.

Elles font présumer que l'air est un mélange uniforme, à toute époque, à toute latitude et à toute hauteur, de 2.301 d'oxygène en poids pour 7,699 d'azote; ou bien de 20,81 d'oxygène en volume pour 79,19 d'azote.

Elles montrent que, s'il est vrai que les plantes soient chargées de détruire par leur parties vertes et sous l'influence solaire l'acide carbonique fourni par les animaux, cette intervention n'est pas aussi immédiatement nécessaire qu'on le suppose; puisque, dans le cas le plus exagéré, il ne s'écoulerait guère moins de huit mille années avant que la masse de l'air eût été dépouillée d'oxygène par les animaux vivants à la surface de la terre.

D'où il suit que si l'air atmosphérique constitue un réservoir d'oxygène à l'usage des animaux et un réservoir d'acide carbonique à l'usage des plantes, ce magasin est si considérable, si richement doté eu égard à la dépense, que celle-ci, en supposant qu'elle ne fût pas compensée, demeurerait presque insensible sur la masse, même après une longue suite d'années.

D'où il suit encore que la chance d'apprécier des différences réelles par l'analyse de l'air, quant à la proportion moyenne d'oxygène et d'azote, est à peu près nulle, si l'on ne prend des dispositions convenables pour exécuter cette analyse sur un kilogramme et demi d'air environ.

Annales de Chimie et de Physique Tome III, 3e Série. (Novembre 1841).

Détail du Robinet et du Tube intermédiaire recevant le thermomètre

Fig. 3.

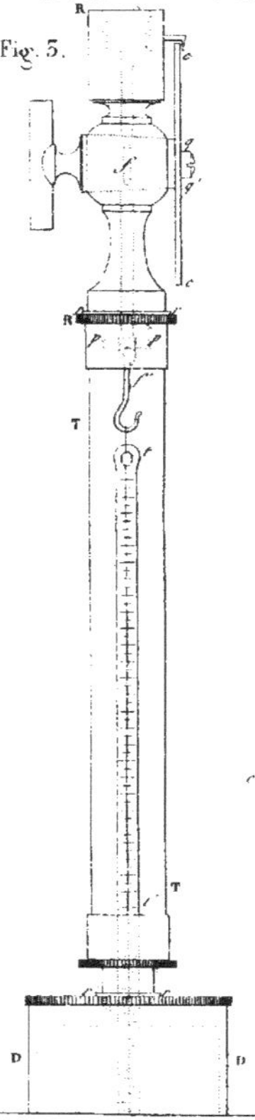

Fig. 5.

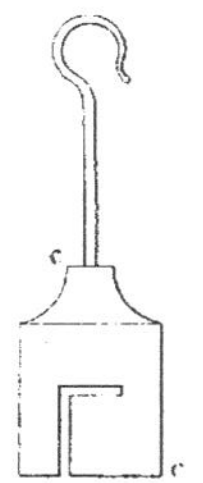

Fig. 4.

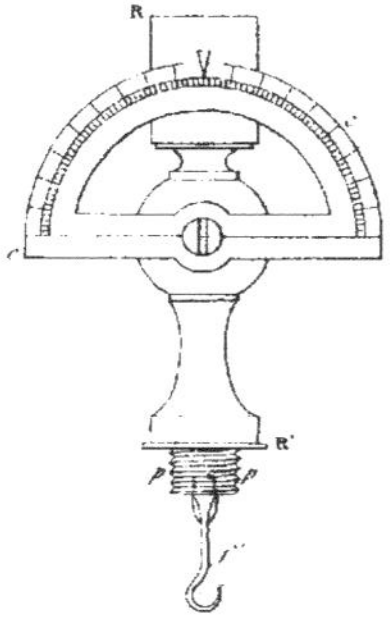

Appareil pour l'analyse de l'Air atmosphérique et pour la détermination de la densité de l'Azote.

Fig. 1.

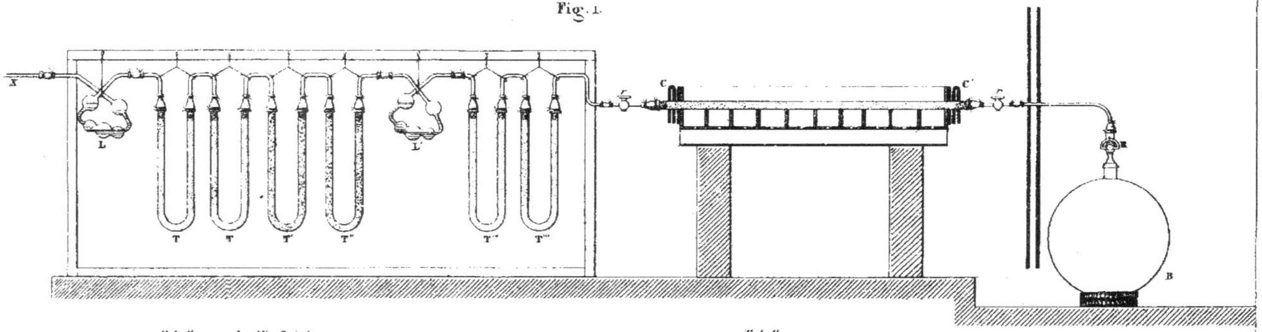

Echelle pour les Fig. 3, 4, 5.

Echelle

Fig. 2.

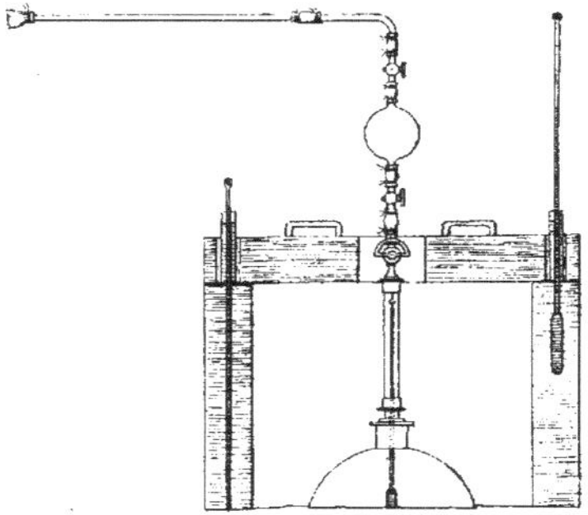

Explication.

Fig. 1.

X — Tube allant chercher l'air hors de la chambre.
L — Tube de Liebig avec Potasse concentrée.
TT — Tubes avec ponce humectée de Potasse.
T' — .. Potasse caustique ordinaire en morceaux.
T'' — .... id. .... id. .... rougie .... id. ....
L' — Tube de Liebig avec acide sulfurique concentré.
T'''T''' — Tubes avec ponce humectée d'acide sulfurique concentré.
C C' — Tube en verre dur rempli de cuivre obtenu en réduisant l'oxide par l'Hydrogène.
r r' — Robinets qui permettent de faire le vide dans le tube.
B — Grand ballon vide dans lequel se précipite l'Azote lorsqu'on ouvre le robinet R.

Fig. 2.

Disposition du ballon pour déterminer la densité de l'Azote, les autres parties de l'appareil restant d'ailleurs les mêmes que pour l'analyse de l'air.

Fig. 3 et 4.

R R' — Robinet dont le carré q q reçoit un cadran divisé c c. La clef au lieu d'être percée d'un trou circulaire présente une fente f. (Fig. 3). Le pas de vis p p est reçu dans l'écrou taraudé dans la douille du tube T T.
Le crochet f'' qui porte le thermomètre t t' est vissé dans le corps du pas de vis p p. (Fig. 3 et 4.)
Le tube T T (Fig. 3) se visse dans l'écrou de la douille D D du ballon, ce pas de vis percé laisse passer la tige du thermomètre.
r r' — Rondelles de cuir imprégnées de Caoutchouc fondu.

Fig. 5.

C C — Crochet à bayonnette pour suspendre le ballon pendant les pesées.

Gravé par Renaux

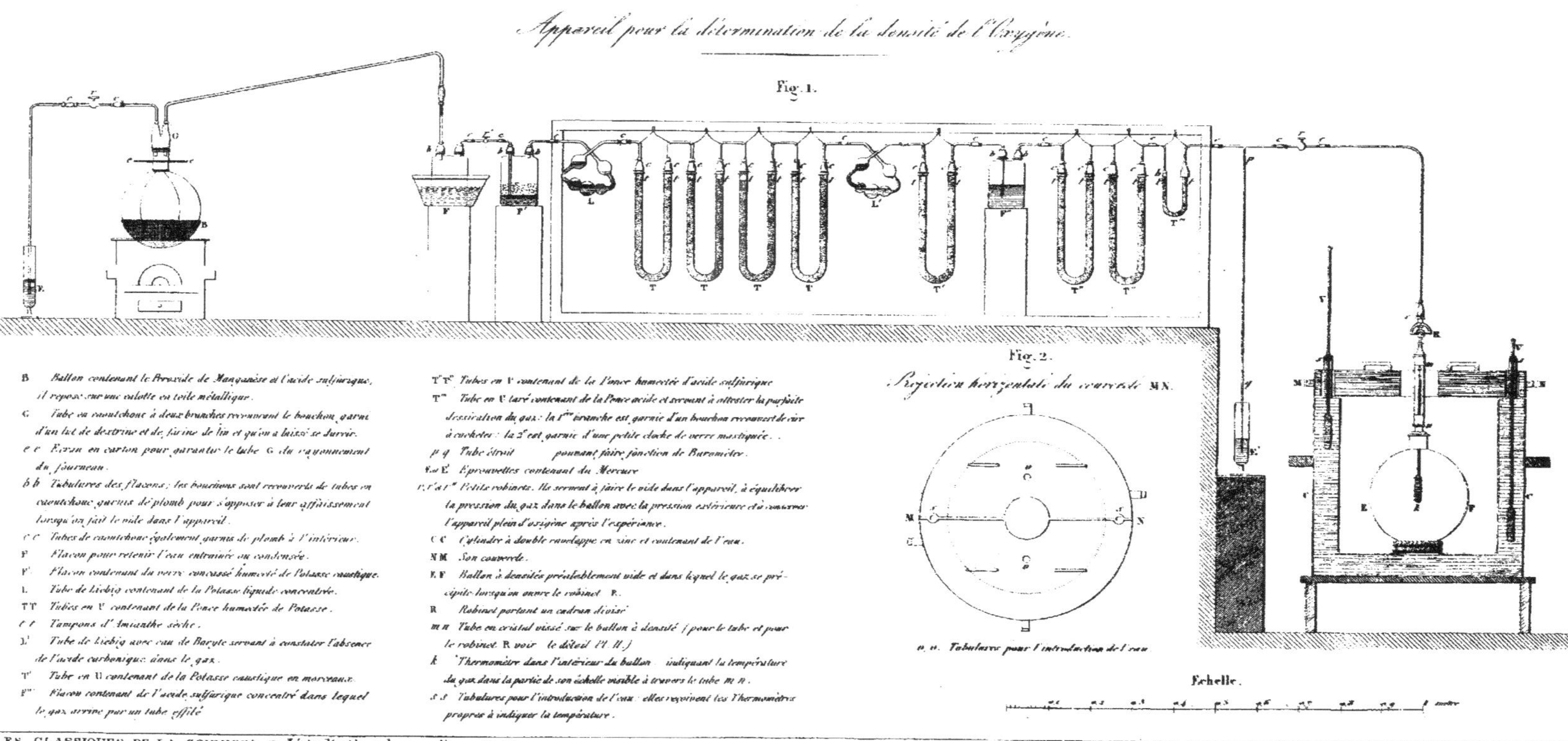
Appareil pour la détermination de la densité de l'Oxygène.
Fig. 1.
Fig. 2.
Projection horizontale du couvercle MN.
o. o. Tabulures pour l'introduction de l'eau
Echelle.
B Ballon contenant le Peroxide de Manganèse et l'acide sulfurique, il repose sur une calotte en toile métallique.
G Tube en caoutchouc à deux branches recouvrant le bouchon garni d'un lut de dextrine et de farine de lin et qu'on a laissé se durcir.
e e Ecran en carton pour garantir le tube G du rayonnement du fourneau.
b b Tubulures des flacons; les bouchons sont recouverts de tubes en caoutchouc garnis de plomb pour s'opposer à leur affaissement lorsqu'on fait le vide dans l'appareil.
c c Tubes de caoutchouc également garnis de plomb à l'intérieur.
F Flacon pour retenir l'eau entraînée ou condensée.
F' Flacon contenant du verre concassé humecté de Potasse caustique.
L Tube de Liebig contenant de la Potasse liquide concentrée.
T T Tubes en U contenant de la Ponce humectée de Potasse.
t t Tampons d'Amianthe sèche.
L' Tube de Liebig avec eau de Baryte servant à constater l'absence de l'acide carbonique dans le gaz.
T' Tube en U contenant de la Potasse caustique en morceaux.
F'' Flacon contenant de l'acide sulfurique concentré dans lequel le gaz arrive par un tube effilé
T'T'' Tubes en U contenant de la Ponce humectée d'acide sulfurique
T''' Tube en U taré contenant de la Ponce acide et servant à attester la parfaite dessication du gaz: la 1re branche est garnie d'un bouchon recouvert de cire à cacheter: la 2e est garnie d'une petite cloche de verre mastiquée.
p q Tube étroit pouvant faire fonction de Baromètre.
E et E' Eprouvettes contenant du Mercure
r, r' et r'' Petits robinets. Ils servent à faire le vide dans l'appareil, à équilibrer la pression du gaz dans le ballon avec la pression extérieure et à conserver l'appareil plein d'oxigène après l'expérience.
C C Cylindre à double enveloppe en zinc et contenant de l'eau.
N M Son couvercle.
E F Ballon à densités préalablement vide et dans lequel le gaz se précipite lorsqu'on ouvre le robinet R.
R Robinet portant un cadran divisé
m n Tube en cristal vissé sur le ballon à densité (pour le tube et pour le robinet R voir le détail Pl. II.)
k Thermomètre dans l'intérieur du ballon indiquant la température du gaz dans la partie de son échelle visible à travers le tube m n.
s s Tubulures pour l'introduction de l'eau: elles reçoivent les Thermomètres propres à indiquer la température.
Gravé par Renou.

RECHERCHES

sur le véritable poids atomique du carbone.

Par J.-B. DUMAS et STAS
(Lu à l'Académie des Sciences, le 21 décembre 1840.)
(*Annales de Chimie et de Physique* [3], I, 1 [1841].)

Quand on combine les corps entre eux, quand on déplace un corps par un autre, on observe certains rapports numériques qui forment la base de la chimie moderne. L'existence de ces rapports, reconnue par Wenzel, généralisée par Richter, a servi de point de départ à la théorie atomique de Dalton et a reçu des travaux de M. Berzélius une consécration nouvelle. La précision bien connue de l'illustre chimiste suédois pouvait porter à croire même que ces sortes de rapports étaient déterminés d'une manière plus que suffisante aux besoins et aux progrès de la science, au moins en ce qui concerne les corps les plus usuels, les plus importants.

Nous venons montrer, cependant, qu'il existait une erreur de 2 p. 100 environ sur la détermination de la quantité du charbon qui exprime le rapport d'après lequel le charbon s'unit aux autres corps de la nature. Cette erreur, l'une des plus graves, il faut l'espérer, qu'il y ait eu à corriger dans les tables admises par les chimistes, cette erreur ne laisse néanmoins aucun doute sur la nécessité de reviser avec soin tous les autres nombres relatifs aux corps simples. Si ces nombres étaient aussi exacts que l'on pense, il y a longtemps que l'erreur relative au charbon aurait été aperçue et signalée, car elle se serait manifestée non seulement dans les analyses qu'on fait chaque jour, mais surtout dans celles que M. Berzélius a récemment exécutées avec tant de soin et desquelles il a conclu qu'il fallait conserver le nombre précédemment admis pour le charbon.

En fait, la question peut être ramenée à la forme la plus simple, car elle consiste à demander si, dans la production de l'acide carbonique, par exemple, l'oxygène et le carbone s'unissent dans le rapport de 800 d'oxygène et 306 de carbone, comme l'a admis M. Berzélius, ou bien dans le rapport de 800 à 300, comme nous l'admettons.

Rien de plus facile à résoudre qu'un pareil problème en apparence. Et pourtant, lorsque l'on songe à toutes les conséquences qui en découlent, on hésite malgré soi, on craint d'avoir omis quelque précaution, on se défie de ses appareils, de ses produits, et voilà comment, pour une expérience qui semble si simple, nous avons dû nous livrer à un travail qui a duré plusieurs mois, et nous avons été conduits à la répéter un si grand nombre de fois et sous tant de formes qu'à coup sûr on n'a jamais rien fait de pareil pour une détermination de cette espèce.

Mais ces précautions ne sembleront pas inutiles si l'on songe que beaucoup de formules admises en chimie organique vont se trouver profondément modifiées par ce seul changement; il est facile de le comprendre.

Qu'un chimiste ait trouvé dans une analyse que 100 parties d'une substance quelconque lui ont fourni 3.614 parties d'acide carbonique, il en conclura, s'il adopte les nombres de M. Berzélius, que la substance analysée est du charbon pur. Or cette substance contiendra au moins 1.5 p. 100 d'oxygène, d'hydrogène ou de tout autre corps. Cette erreur a nécessairement été commise dans les analyses d'anthracites et de houilles récemment publiées.

Que dans une analyse comme celle de la cholestérine, on trouve 85 de carbone, 12 d'hydrogène et 3 d'oxygène, en calculant d'après M. Berzélius; on ne trouvera plus aujourd'hui que 83 de carbone. Or si l'on n'est pas frappé de l'importance d'un changement qui ramène 85 de carbone à 83, ce qui fait une modification d'un cinquantième, il devient facile de comprendre combien ce changement est grave quand on voit que tout ce qu'on ôte au charbon doit être ajouté à l'oxygène, ce qui porte l'oxygène de 3 à 4,5 environ, changement qui s'élève à la moitié du poids de cet élément si essentiel.

Ainsi, tel corps qui était censé exempt d'oxygène va en contenir; dans tel autre la proportion d'oxygène va doubler ou augmenter, au moins dans un rapport tel que les formules admises en soient complètement changées.

C'est par cette diminution du carbone et cette augmentation de l'oxygène que l'on s'expliquera comment les analyses des corps gras, exécutées avec tant de soin par M. Chevreul et si dignes de la vénération des chimistes, demeurent généralement exactes, nous nous en sommes assurés, quoique les formules qui les représentent doivent, en certains cas, être changées.

Quelques alcalis organiques, plusieurs huiles volatiles, beaucoup de résines et certaines matières animales neutres vont éprouver des changements analogues, fondés sur les mêmes motifs. Nous ferons connaître dans d'autres mémoires les résultats auxquels nous sommes arrivés sur ces divers points, si toutefois nous ne sommes prévenus à cet égard.

Ce qui nous arrête en ce moment, c'est la crainte de remplacer des formules fausses par des formules incertaines. Or rien de plus funeste aux progrès réels de la chimie organique.

Comme l'Académie a été souvent entretenue des phénomènes de substitution, elle mettra quelque intérêt à apprendre que c'est l'étude attentive de ces phénomènes qui a conduit à découvrir et à constater l'erreur qui nous occupe. Les formules déduites pour certains corps de l'ancienne valeur attribuée au carbone par M. Berzélius ne s'accordaient pas avec les lois de substitution. Il fallait que ces lois fussent fausses ou que la valeur adoptée par M. Berzélius fût elle-même inexacte. Une fois la question ainsi posée, c'était un devoir de conscience pour nous que de chercher tous les moyens de la résoudre, et nous n'avons rien négligé pour en rendre la solution irréprochable.

En effet, quand on soumet à l'analyse certains corps très riches en carbone, comme le sont les carbures d'hydrogène liquides ou solides sur lesquels on a cherché à approfondir l'étude des phénomènes de substitutions, il se présente des circonstances qui paraissent fort étranges.

Tout le monde sait que ce qu'on appelle l'analyse d'une substance organique consiste, comme l'ont montré MM. Gay-Lussac et Thénard, en sa combustion totale, c'est-à-dire en sa transformation en eau et en acide carbonique. L'opérateur connaît donc par sa propre expérience le poids de la matière qu'il étudie et le poids de l'eau ou de l'acide carbonique qu'elle fournit. De ces derniers il déduit le charbon et l'hydrogène, en se fondant sur la composition de l'eau et de l'acide carbonique lui-même.

Or, quand on fait la somme du carbone et de l'hydrogène que ces carbures d'hydrogène renferment, on trouve, en partant des analyses de l'eau et de l'acide carbonique données par M. Berzélius, que cette somme excède de beaucoup le poids de la matière brûlée.

Ainsi 100 parties de naphtaline fournissent 95,5 de carbone et 6,1 d'hydrogène, ce qui fait en tout 101,6.

Ainsi 100 parties de benzine seraient formées de 93,5 de carbone et 7,7 d'hydrogène, qui feraient en tout 101,2.

De tels résultats étaient absurdes, mais on pouvait en chercher l'explication : 1° dans la méthode d'analyse qui aurait été vicieuse; 2° dans l'analyse de l'eau qui aurait été inexacte ; 3° dans celle de l'acide carbonique qui pouvait l'être aussi.

En tous cas, il était impossible d'accorder la moindre confiance aux analyses de tels corps ou de leurs dérivés, des écarts aussi graves étant capables de troubler toutes les formules.

Dans un rapport fait à l'Académie au nom d'une Commission chargée d'examiner un Mémoire relatif aux huiles de résine que MM. Pelletier et Walter lui avaient soumis, l'un de nous proposa de considérer ces écarts comme dus à une erreur dans la détermination des éléments de l'acide carbonique ; cette opinion était parfaitement juste.

En effet, veut-on attribuer l'excès de poids que donne l'analyse à la méthode employée pour l'exécuter, on n'a qu'à la faire par d'autres moyens, qu'à perfectionner ceux qu'on met habituellement en usage, et l'on se convaincra bientôt que, loin d'atténuer l'erreur, ces nouveaux soins ne font que l'exagérer encore.

Relativement au carbone, les carbures d'hydrogène dont il est question, quand on parvient à les brûler d'une manière complète, fournissent toujours la même quantité d'acide carbonique, quel que soit le procédé. Dans les analyses ordinaires on en perd toujours par des raisons qui seront discutées plus loin.

Il en est de même de leur hydrogène ; on a beau varier et multiplier les expériences, on retombe toujours sur les mêmes chiffres pour la quantité d'eau que leur combustion produit.

Ce n'est donc pas la méthode d'analyse qu'il faut accuser de cet excès ; s'il y a quelques reproches à lui faire, ils sont en sens opposé.

Mais, à la rigueur, la composition de l'eau pouvait être mal établie. Nous avons fait à cet égard des expériences directes, et elles sont pleinement rassurantes. La composition de l'eau, telle qu'elle est donnée par les expériences de MM. Dulong et Berzélius, sans être parfaitement exacte, ne recevra de nos propres expériences qu'une modification insignifiante pour la question qui nous occupe.

Restait donc la composition de l'acide carbonique, qu'il fallait soumettre à une vérification attentive, et là, nous devons le dire, tous nos résultats, sans en excepter un seul, se sont accordés pour accuser une erreur grave, seule cause des discordances signalées plus haut.

Sur ces entrefaites, M. Berzélius, comprenant toute la portée du changement que l'un de nous avait proposé relativement à la composition de l'acide carbonique, s'était empressé de faire de nouvelles expériences sur cet objet.

Au lieu de chercher directement dans quel rapport le carbone s'unit à l'oxygène, M. Berzélius a préféré faire l'analyse du carbonate et de l'oxalate de plomb. Or, en admettant que ces nouvelles analyses fussent exactes, la seule conséquence qu'il serait permis d'en tirer maintenant, c'est que la composition de l'oxyde de plomb, sur laquelle ces analyses se fondent, serait elle-même mal connue.

Il faut, du reste, que toutes ces questions soient éclaircies, et nous ne reculerons devant aucune des expériences pénibles et nombreuses auxquelles nous oblige cette nécessité de reviser les principales analyses, celles qui servent de bases à toutes nos spéculations.

Ainsi procèdent les théories, et telle est leur utilité dans l'étude des sciences. Leurs adversaires peuvent se contenter de mettre les faits en doute ; il leur suffit de dire qu'ils n'admettent pas les conséquences qu'on en tire ; il leur est permis de rester dans un rôle passif. Les partisans des théories ont à remplir une tout autre tâche : c'est à eux à prouver leurs opinions par des faits, à contrôler les faits sur lesquels ils s'appuyaient d'abord par des faits plus évidents encore. On a trouvé, il y a quelques années, que le chlore, en agissant sur les composés organiques, leur enlève de l'hydrogène, et qu'il en prend la place volume à volume. Pour que cette règle puisse s'appliquer à la naphtaline ou à la benzine, il faut que le premier de ces corps, par exemple, renferme 94 de carbone et 6 d'hydrogène, tandis que l'analyse directe donne 95,5 de carbone. Les adversaires de la théorie des substitutions n'ont pas manqué d'en conclure, avec une grande apparence de raison, qu'il fallait repousser une théorie qui obligeait à admettre qu'un corps où l'on trouvait 95,5 de carbone n'en renfermait que 94, et cela leur a paru suffisant. Nous, au contraire, parfaitement convaincus que la règle des substitutions est une loi de la nature, nous n'avons pas hésité à chercher la cause de ces discordances là où elle résidait, dans l'analyse de l'acide carbonique, et l'expérience nous a donné raison.

Cette épreuve était décisive ; car, outre qu'elle avait pour garants MM. Berzélius et Dulong, l'analyse de l'acide carbonique n'est pas un fait isolé dans la science. Elle est d'accord avec les densités de l'acide carbonique et de l'oxygène ; elle se lie aux densités de l'azote et de l'air ; elle tient de près à la densité de tous les gaz carburés, c'est-à-dire que les densités admises pour la plupart des gaz connus devront être modifiées par ce seul fait que l'analyse de l'acide carbonique est inexacte, si tant est pourtant que la loi de Mariotte soit vraie ; car, en admettant les expériences de M. Despretz sur ce sujet, les gaz étant inégalement condensables par les mêmes pressions, il en résulterait que leurs densités ne sont plus en relation directe avec leur composition chimique, et dès lors il faudrait renoncer à toutes les densités de gaz déterminées par le calcul, pour s'en tenir à celles que donne l'expérience.

Tout le monde comprendra quels soins minutieux, quelle religieuse attention nous avons portés dans une expérience aussi capitale, aussi décisive.

Il fallait renoncer à la théorie des substitutions ; voir dans ses conséquences si logiques et si bien confirmées par l'expérience une série de hasards ou d'erreurs sans exemple dans les sciences ; il fallait oublier tout ce passé et fermer les yeux à l'avenir que ces idées nouvelles ouvraient devant nous.

Ou bien, il fallait admettre que MM. Berzélius et Dulong s'étaient trompés dans l'analyse de l'acide carbonique ; qu'il y avait erreur dans les densités de l'oxygène et de l'acide carbonique ou dans l'application trop générale de la loi de Mariotte. Il fallait supposer que presque toutes les analyses organiques étaient fausses et qu'elles n'avaient conduit à des formules vraies que par des compensations d'erreurs. Il n'était plus permis, enfin, de croire à cette précision de un deux-millième que M. Berzélius estime avoir obtenue dans l'étude des rapports suivant lesquels se combinent les principaux corps de la nature, car ces rapports tels qu'il les a donnés se trouveraient d'accord avec la détermination relative au carbone qui elle-même offrirait une erreur de un cinquantième.

Ainsi, répudier la théorie des substitutions ou bien mettre en doute les principaux éléments de l'étude physique des gaz ainsi que les bases sur lesquelles se fondent toutes nos tables atomiques, telle est l'alternative grave où nous étions placés.

Elle expliquera pourquoi la méthode que nous avons préférée est telle qu'elle n'a besoin de s'appuyer sur aucune détermination numérique indépendante de l'expérience elle-même.

Jusqu'ici on s'était plus particulièrement appuyé sur des méthodes indirectes pour obtenir le rapport suivant lequel l'oxygène et le carbone se combinent. Tantôt on l'avait emprunté à l'analyse des carbonates, tantôt à la comparaison des densités de l'oxygène et de l'acide carbonique. Dans le premier cas, on était exposé à opérer sur des carbonates impurs, car rien n'est plus difficile que de se procurer ces sortes de sels purs et secs, et l'on était forcé de considérer comme absolument exactes les analyses de leurs oxydes. Dans le second cas on avait à redouter des difficultés de tout genre, qui, sans parler de l'incertitude qui règne sur la loi de Mariotte et sur le véritable coefficient de dilatation des gaz, tiennent à l'impureté des gaz, à l'incertitude que laisse l'observation de leur température, à l'état hygrométrique du verre des ballons qui les renferment, etc. Nous avons préféré une méthode plus simple et plus directe.

Nous avons brûlé un poids connu de charbon pur dans l'oxygène, et nous avons pesé l'acide carbonique ainsi formé. Nous avons fait trois séries d'expériences : la première sur du graphite naturel provenant de la collection du Jardin du Roi ; la seconde sur du graphite artificiel extrait d'une masse ferrugineuse provenant d'un haut fourneau ; la troisième sur du diamant.

Le graphite le plus pur en apparence exige un traitement long et compliqué, si l'on veut le débarrasser de tout corps oxydable. Voici la marche qui nous a semblé la meilleure.

Pour le débarrasser des matières terreuses, on le chauffe au rouge avec de la potasse ; on délaie la masse dans l'eau et on lave largement le graphite restant. On le fait bouillir ensuite dans l'acide nitrique et l'eau régale, pour en extraire le fer et les bases. Enfin, on expose ce graphite à l'action d'un courant de chlore sec et à une chaleur presque blanche pendant douze ou quinze heures. On est étonné que des produits qui ont longtemps bouilli avec l'eau régale soient encore propres à dégager par ce moyen du chlorure de fer pendant des heures entières. C'est pourtant ce qui arrive.

Ainsi préparé, le graphite renferme encore çà et là des grains sableux parfaitement incolores, dont il faut tenir compte en les pesant après la combustion. En outre, les divers agents employés ayant corrodé les lamelles de graphite, celles-ci sont devenues propres à condenser de l'air ou de l'humidité. Il faut rougir la matière avant chaque pesée et la laisser refroidir sous une cloche à côté d'un vase renfermant de l'acide sulfurique. Cette pesée exige beaucoup d'attention ; c'est surtout pour écarter les causes d'erreurs inséparables de cette opération, en apparence si simple, que nous avons pris le parti de brûler du diamant.

Mais nous ne pouvions plus nous borner, comme l'ont fait tous ceux qui se sont occupés de la combustion du diamant, à brûler quelques parcelles de cette matière si précieuse. Ils avaient tous cherché ce que devenait en volume le gaz oxygène converti en acide carbonique par la combustion du diamant, ce qui revient à comparer les densités respectives de l'acide carbonique et de l'oxygène.

Nous voulions déterminer au contraire combien un poids connu de diamant donne d'acide carbonique en poids ; cette méthode simple et absolue était la seule qui pût nous conduire à la découverte du véritable rapport que nous cherchions.

Ainsi comprise, cette expérience exigeait le sacrifice de 10 à 12 grammes de diamant, c'est-à-dire une dépense qui nous faisait hésiter à l'entreprendre, et qui nous a engagés à réserver une portion de diamants que nous voulions brûler pour répéter, devant ceux de nos confrères qui y mettront quelque curiosité, nos propres expériences ou les expériences de contrôle qu'ils croiront devoir nous indiquer.

La complaisance de MM. Halphen, qui nous ont fourni ces diamants au plus bas prix possible, nous a permis d'ailleurs de choisir des échantillons sur des masses, de manière à faire quelques observations accessoires qui réclameraient pour être complétées le concours de quelques personnes plus versées que nous dans l'étude des minéraux et surtout dans leur étude microscopique.

Tous les diamants que nous avons brûlés ont laissé un résidu, une cendre, si l'on peut s'exprimer ainsi. Ce résidu consiste tantôt en un réseau spongieux d'une teinte jaune rougeâtre, tantôt en parcelles jaune paille et cristallines, tantôt en fragments incolores et cristallins aussi. Quoique ces résidus aient déjà fait de notre part et de celle de M. Élie de Beaumont, l'objet d'un examen attentif, nous ne dirons rien de leur nature avant qu'un examen plus complet encore l'ait mise hors de toute espèce de doute.

Cette portion du diamant qui n'est pas du carbone pur ne consiste pas en parcelles adhérentes à la surface des cristaux brûlés ou mêlés avec eux. Nous avons retrouvé les mêmes résidus dans des combustions faites sur des cristaux très gros, bien brossés et bouillis longtemps avec de l'eau régale.

Ces matières minérales appartiennent donc au cristal lui-même ; elles ont été emprisonnées entre ses propres lames au moment de sa formation, et de leur détermination précise ressort, comme conséquence inévitable, l'exacte connaissance de la situation géologique des gîtes de diamant, la nature ayant déposé dans les cristaux mêmes de cette belle substance leur certificat d'origine, tant et si vainement cherché.

La question envisagée ainsi est si digne d'attention qu'elle n'a pas peu contribué à nous faire mettre en réserve tous les moyens nécessaires pour la traiter à fond. En choisissant et étudiant avec attention les diamants que nous comptons brûler encore, la question peut être parfaitement résolue.

D'après leur aspect divers et leur nature générale, on pouvait prévoir que ces cendres du diamant varieraient de proportion. Nous en avons obtenu au moins 1 partie pour 500. Nous ne doutons pas que les diamants les plus purs, ceux dont la couleur et la transparence ne laissent rien à désirer, ne puissent brûler sans résidu. Mais les diamants bruts ou taillés, que leur plus bas prix nous avait fait choisir, ont tous laissé quelque matière minérale appréciable. Le plus souvent nous avons opéré sur cette classe de diamants réfractaires à la taille que les lapidaires appellent *diamants de nature,* et auxquels on ne peut donner le poli.

Tant que nous opérions sur le graphite, nous avions fait usage d'un procédé de combustion très simple. Le graphite contenu dans une nacelle de platine était placé au milieu d'un tube en verre très dur de 1 mètre de longueur. En arrière se trouvait un mélange d'oxyde de cuivre et de chlorate de potasse destiné à fournir l'oxygène; en avant, de l'oxyde de cuivre pur chauffé fortement et propre par cela même à détruire tout l'oxyde de carbone qui aurait pu se produire *(Pl. III, fig. 1)*.

La combustion était facile par ces moyens, mais la condensation et par suite la pesée exacte de l'acide carbonique formé nous eussent laissé bien des inquiétudes, si nous n'avions eu à notre disposition l'excellent procédé que M. Boussingault applique à l'analyse de l'air et qui permet d'apprécier et de saisir les moindres traces d'acide carbonique ou d'eau. Ce procédé consiste à tamiser les gaz au travers des tubes pleins de petits fragments de pierre ponce, humectée d'acide sulfurique[1] quand il s'agit de retenir l'eau, et de potasse quand on veut s'emparer de l'acide carbonique. Après avoir filtré au travers des pores de la ponce ainsi préparée, les gaz sortent dépouillés d'eau ou d'acide carbonique d'une manière absolue.

Nos premières expériences sur la combustion du graphite

[1] La pierre ponce employée dans ces expériences a toujours été humectée d'acide sulfurique, puis chauffée au rouge. On a répété cette opération cinq ou six fois. Elle a pour objet de la débarrasser du sel marin qu'elle renferme toujours.

ont été exécutées par cette méthode. Cependant lorsque nous avons voulu procéder plus tard à la combustion du diamant, nous avons conçu quelques craintes. La température que pouvaient supporter nos tubes de verre suffirait-elle pour brûler le diamant? N'étions-nous pas exposés à perdre quelques-unes de nos expériences par ces défauts si fréquents dans les tubes de verre qui déterminent leur cassure ou leur fusion? Étions-nous bien sûrs d'éviter la présence de l'humidité extérieure dans un appareil qu'il fallait disposer à nouveau pour chaque expérience?

Toutes ces considérations nous ont décidés à faire usage de l'oxygène gazeux passant au travers d'un tube en porcelaine, où la matière charbonneuse était chauffée à l'incandescence. Les dispositions ont été si bien prises que non seulement toutes les expériences exécutées comme études préliminaires sur le graphite ont été parfaitement concordantes, mais qu'en outre nous avons eu l'extrême satisfaction de voir réussir, sans le moindre accident, les cinq combustions de diamants que nous avons exécutées.

Dans cette nouvelle disposition des appareils, le charbon est introduit dans un tube en porcelaine au travers duquel on peut diriger à volonté un courant d'oxygène sec et pur. En sortant de l'appareil, le gaz traverse des condenseurs qui arrêtent l'acide carbonique et qui laissent passer l'excès d'oxygène. Quelques précautions étaient indispensables et elles ont fait l'objet d'un long et minutieux examen.

Il fallait d'abord que l'oxygène fût entièrement dépouillé d'acide carbonique. A cet effet, on le recueillait dans un lait de chaux et on le faisait arriver dans l'appareil même, en le déplaçant à l'aide de l'eau de chaux instillée goutte à goutte. En outre le gaz traversait un tube de 1 mètre de long et de 3 centimètres de diamètre, plein de pierre ponce en gros fragments imbibés de potasse liquide caustique.

Pour priver le gaz d'eau, on le faisait passer sur des fragments de potasse solide, puis sur des fragments de verre imprégnés d'acide sulfurique, et enfin dans un tube de quelques centimètres de long rempli de pierre ponce en grains, humectée d'acide sulfurique bouilli.

Ces précautions prises, on a pu faire passer pendant quinze heures un courant de gaz rapide au travers de l'appareil, sans que des tubes qu'on y ajoutait et qui étaient propres à absorber l'acide carbonique ou l'eau aient éprouvé la moindre altération de poids qui fût appréciable à une balance sensible au milligramme.

Nous étions sûrs, par conséquent, de retrouver les plus légères traces d'eau qui auraient pu se former aux dépens de l'hydrogène appartenant aux matières charbonneuses que nous nous proposions de brûler.

Restait à s'assurer que nous pourrions recueillir sans perte la totalité de l'acide carbonique qui allait se former. Quelques essais nous ont donné la plus entière conviction que sa condensation pourrait être complète. En ajustant, en effet, au tube où s'effectue la combustion, un condenseur rempli de potasse liquide concentrée, on arrête la plus grande partie de l'acide carbonique, c'est-à-dire les $\frac{90}{100}$ environ. La petite portion qui échappe est, il est vrai, la plus difficile à recueillir, par la raison qu'elle est mélangée avec une grande quantité d'oxygène qui empêche son absorption. Cependant il nous a été facile de nous convaincre qu'en faisant passer le gaz successivement dans cinq tubes en U de 30 à 40 centimètres de long, pleins de pierre ponce humectée de potasse liquide, les trois derniers ne changent pas de poids pendant la durée de l'expérience. L'acide carbonique échappé au condenseur rempli de potasse liquide s'arrête presque entièrement dans le premier tube en U ; le second ne gagne que quelques milligrammes.

Ainsi, quand le gaz sort du tube en porcelaine où il a servi à brûler le charbon, il suffit de le faire passer dans un tube qui renferme de la ponce humectée d'acide sulfurique pour arrêter toute l'eau qui se serait formée.

Quant à l'acide carbonique, il suffit, pour l'arrêter tout entier, d'un condenseur plein de potasse liquide, de deux tubes en U, garnis de ponce alcaline, et d'un tube en U plein d'acide sulfurique destiné à arrêter l'eau que le gaz pourrait emprunter à la potasse.

Ces préliminaires arrêtés, nous nous sommes occupés de la combustion elle-même.

Pour éviter toute production d'oxyde de carbone, nous avons ajouté une précaution à toutes celles qui ont déjà été mentionnées. Dans la partie libre du tube en porcelaine où les gaz devaient passer après la combustion du graphite, nous avons placé du cuivre en tournure ; puis, chauffant le tube au rouge, nous y avons dirigé pendant seize heures un courant d'air, auquel nous avons fait succéder un courant d'oxygène pendant le même temps. L'oxydation du cuivre étant ainsi bien complète, nous avons procédé à nos combustions, avec la conviction que les moindres traces d'oxyde de carbone se convertiraient en acide carbonique par leur passage au travers de cette éponge d'oxyde de cuivre incandescent.

Nous avons même été plus loin, quand il s'est agi de brûler le diamant, car nous avons fait passer les gaz qui sortaient du tube en porcelaine au travers d'un long tube en verre dur, plein d'oxyde de cuivre chauffé jusqu'au rouge.

Toutes ces précautions prises, si l'on fait passer 15 ou 20 litres d'oxygène dans l'appareil, les tubes étant incandescents, mais sans mettre ni diamant ni graphite dans le tube en porcelaine, on n'obtient pas la moindre trace d'eau ou de gaz carbonique dans les condenseurs.

Bien entendu qu'après avoir fait ainsi circuler dans l'appareil de l'oxygène, il faut y faire circuler de l'air avec les mêmes précautions. Les tubes demeurant pleins d'oxygène et leurs liqueurs en étant saturées, ils auraient gagné un excès de poids qu'ils perdent après le passage de l'air pour revenir à leur poids primitif. Cette précaution a été prise dans toutes les expériences.

L'appareil ainsi disposé et éprouvé, on ouvre un des bouts du tube en porcelaine ; on y pousse la nacelle chargée de la matière à brûler, on referme et l'on commence l'expérience.

A peine rouge, le graphite naturel de Ceylan sur lequel nous avons opéré brûle avec éclat. L'oxygène qui passe est converti presque en entier en acide carbonique, tant qu'il reste du graphite dans la nacelle.

Il n'en est pas ainsi du graphite artificiel, sa combustion est bien difficile ; il passe pendant toute la durée de l'expérience un mélange d'oxygène et d'acide carbonique où l'oxygène libre abonde.

D'ailleurs ces deux variétés de graphite donnent les mêmes résultats.

Et d'abord elles ne renferment ni l'une ni l'autre aucune trace appréciable d'hydrogène. Il est arrivé souvent que les tubes destinés à condenser l'eau n'ont pas varié de poids; quelquefois ils avaient gagné 1 milligramme.

Le graphite naturel ou artificiel ne contient donc pas d'hydrogène.

Quant au carbone, on va comprendre par exemple combien est grande l'erreur que nous avions à corriger

Dans une expérience où l'on a brûlé 1.471 de graphite artificiel on a recueilli 5.395 d'acide carbonique. Si d'après M. Berzélius on calcule combien cet acide carbonique représente de carbone, on trouve 1.491. Il faudrait donc admettre qu'on s'est trompé de 20 milligrammes en pesant le graphite avec une balance qui apprécie le quart de milligramme. Si l'on cherche d'un autre côté combien les 1.471 de graphite auraient dû fournir d'acide carbonique d'après M. Berzélius, on trouve 5.315, c'est-à-dire 80 milligrammes de moins que nous n'en avons obtenu. Or il nous est impossible d'admettre une erreur sur cette pesée qui aille au delà de 1 ou 2 milligrammes.

D'après nos expériences sur la combustion du graphite tant naturel qu'artificiel, 800 parties d'oxygène se combinent avec 300 de carbone pour former 1.100 d'acide carbonique. C'est donc 8 d'oxygène pour 3 de carbone.

Si nous voulions suivre l'usage établi, nous pourrions, prenant la moyenne des neuf expériences que nous avons faites sur la combustion du graphite, dire que le rapport exact n'est pas de 8 à 3, mais de 800 à 299,93.

Nous avons déjà dit d'où vient que le rapport entre l'oxygène et le carbone qui s'unissent étant réellement de 8 à 3, on ne l'obtienne pourtant pas d'une manière absolue au moyen du graphite: c'est que le graphite est très difficile à peser d'une manière correcte. Si on le pèse chaud, il ne renferme pas d'air, mais la balance est entraînée par les courants d'air que la matière excite; si on le pèse froid, il retient 2 ou 3 milligrammes d'air ou d'humidité. Nous avons cherché toutes les façons d'éluder cette difficulté, sans être pleinement satisfaits.

Comme le diamant n'est pas poreux, il nous a permis de l'écarter de nos expériences et nous avons pu obtenir une sûreté dans les résultats que le graphite ne nous donnait pas au même degré. Aussi sur cinq combustions de diamant y en a-t-il trois qui donnent le rapport expérimental de 8.000 à 3.000 pour l'oxygène et le carbone. Les deux autres s'en écartent à peine.

La première fois que nous avons brûlé du diamant, nous l'avions fait peser par une personne étrangère à nos expériences, nous ignorions son poids. Nous avions agi sur des éclats de diamant, autant pour essayer les appareils que pour faire une expérience. La combustion finie, nous avions trouvé 2.598 d'acide carbonique, et nous en avions conclu que le diamant brûlé pesait 708 milligrammes. A cet énoncé, la personne qui avait pesé le diamant fut déconcertée, elle en avait mis 717 dans la nacelle. Nous lui annonçâmes aussitôt qu'elle trouverait 9 milligrammes de résidu dans la nacelle et celle-ci contenait en effet 9 milligrammes de fragments de topaze du Brésil.

C'est pour éviter ces mélanges accidentels que, dans les autres expériences, nous avons toujours opéré sur des cristaux volumineux et parfaitement reconnus comme diamants par M. Halphen. Aussi cet accident ne s'est-il plus présenté.

Mais dans notre première expérience nous avions été surpris de l'extrême facilité avec laquelle le diamant brûlait ; le diamant se montrait bien plus combustible que le graphite artificiel. Nous pensions que cela pouvait dépendre de la division des petits éclats employés ; nous nous étions trompés.

En brûlant quatre ou cinq gros cristaux la formation de l'acide carbonique est si rapide que tout l'oxygène est converti en acide carbonique. Dans les mêmes circonstances le graphite artificiel laisserait passer au moins le tiers de l'oxygène sans le brûler.

Cette combustibilité facile du diamant nous a beaucoup préoccupés. Le graphite artificiel que nous lui comparions avait, il est vrai, supporté toute la chaleur d'un haut fourneau, mais personne n'aurait deviné qu'il dût résister à la combustion plus que le diamant lui-même.

Cette circonstance a réveillé les doutes relatifs à la présence de l'hydrogène dans le diamant.

Quelques-unes de nos expériences ont été dirigées très particulièrement vers ce point, et nous pouvons affirmer de la manière la plus formelle que la quantité d'eau qui proviendrait de la combustion de 1.500 milligrammes de diamant n'est pas appréciable à une balance qui accuse très aisément le milligramme. Le diamant ne peut donc pas contenir $\frac{1}{12.000}$ d'hydrogène.

Du reste, en pesant le diamant et l'acide carbonique qui en provient, nous trouvons par l'expérience que l'oxygène et le carbone se combinent dans les rapports de :

8 : 3
80 : 30
800 : 300
8.000 : 3.000.

Jusque-là on est dans les limites de l'expérience, sans sortir des rapports simples ; mais un chiffre de plus donne

80.000 : 30.002.

Gardons-nous toutefois de substituer ce rapport plus compliqué à l'autre, car à cette limite nous ne pouvons plus répondre des pesées, soit du diamant, soit de l'acide carbonique lui-même.

Voici du reste la table de toutes nos expériences :

COMBUSTION DU GRAPHITE NATUREL

Graphite employé.	Acide carbonique obtenu.	Rapport entre l'oxygène et le carbone.
1gr,000	3gr,671	800 : 299,5
0gr,998	3gr,660	800 : 300,5
0gr,994	3gr,645	800 : 299,9
1gr,216	4gr,461	800 : 299,8
1gr,471	5gr,395	800 : 299,9

COMBUSTION DU GRAPHITE ARTIFICIEL

Graphite employé.	Acide carbonique obtenu.	Rapport entre l'oxygène et le carbone.
0gr,992	3gr,642	800 : 299,5
0gr,998	3gr,662	800 : 299,7
1gr,660	6gr,085	800 : 300,1
1gr,465	5gr,365	800 : 300,5
	Moyenne.	800 : 299,93
	Atome.	74,982[1]

[1] Ce poids atomique est rapporté à O = 100.

COMBUSTION DU DIAMANT

Graphite employé.	Acide carbonique obtenu.	Rapport entre l'oxygène et le carbone.
0gr,708	2gr,598	800 : 299,7
0gr,864	3gr,1675	800 : 300,0
1gr,219	4gr,465	800 : 300,4
1gr,232	4gr,517	800 : 300,0
1gr,375	5gr,041	800 : 300,0
	Moyenne.	800 : 300,02
	Atome.	75,005

En tenant compte dans la pesée du diamant du poids de l'air qu'il déplace, et dans celle de l'acide carbonique condensé de l'air qu'il déplace aussi, ces rapports ne sont pas altérés.

Comme l'oxygène s'unit manifestement au carbone dans le rapport de 8 à 3, ce serait peut-être le cas de discuter ici la réalité de la loi énoncée par le Dr Prout. L'habile chimiste anglais admet que les rapports d'après lesquels les corps simples se combinent entre eux sont exprimés par des nombres qui sont tous des multiples de l'hydrogène par un nombre entier.

Ainsi, 1 partie d'hydrogène se combinerait avec 8 parties d'oxygène pour former de l'eau, et avec 3 de carbone pour former l'hydrogène carboné des marais. Nos expériences confirment pleinement cette remarque, sur laquelle nous reviendrons, quand les recherches plus étendues nous auront éclairés sur les limites dans lesquelles il faut en faire usage.

En présentant à l'Académie nos résultats relativement à la combustion du carbone, nous aurions voulu lui faire connaître aussi nos recherches sur la densité de l'acide carbonique et de l'oxygène. Le retard que nous sommes forcés d'apporter à cette communication n'a pas besoin d'explication pour les personnes qui connaissent les difficultés de ce genre d'expériences ; nous espérons toutefois les avoir surmontées, comme on le verra bientôt.

Si l'on demande maintenant quel est le véritable poids atomique du charbon, s'il faut adopter 37,5 comme l'a proposé M. Gay-Lussac, ou bien 75 comme le veut M. Berzélius, ou bien enfin 150 comme semblerait l'exiger la chaleur spécifique du charbon de bois, nous ne pourrons offrir aux chimistes que des conjectures.

M. Regnault a fait voir que la chaleur spécifique du charbon varie avec son état physique, ce qui détruit toute la confiance qu'on pourrait avoir, pour ce corps du moins, dans les déductions à tirer de cette détermination.

Reste donc, pour se décider, l'ensemble de considérations chimiques sur lesquelles on s'est fondé jusqu'à présent. M. Berzélius, qui a plus d'une fois cherché à repousser les raisons qui font pencher certains chimistes vers le nombre 37,5, leur a prêté des raisons qui ne sont certainement pas celles sur lesquelles leur opinion se fonde.

Tout le monde sait que M. Gay-Lussac a adopté depuis fort longtemps le poids atomique de 37,5, par la raison que la formule de l'oxyde de carbone en devient analogue à celle de l'eau.

Cette analogie entre le carbone et l'hydrogène s'est-elle effacée ou démentie à mesure que les progrès de la science ont fait connaître des corps nouveaux, ont amené des considérations nouvelles ?

On peut affirmer qu'il n'en est rien, car s'il est deux corps comparables à tous égards, ce sont bien d'une part le cyanogène, et de l'autre l'amidogène. En formulant le dernier H^4Az^2, il faut donc formuler le premier C^4Az^2, ce qui revient à dire que dans le cyanogène 4 volumes de vapeur de carbone remplaceraient 4 volumes d'hydrogène dans l'amidogène.

Faut-il assimiler le carbone à l'hydrogène ? Faut-il séparer, au contraire, ces deux corps ? Telle est la question. Tant qu'aucune autre expérience directe n'aura fixé le poids atomique vrai du carbone, on sera bien forcé de s'en tenir à des considérations de cette nature. Quand l'expérience aura prononcé, toute discussion cessera.

Les chimistes nous sauront gré de joindre à ce résumé le détail exact de nos diverses expériences, avec l'indication précise des moyens un peu variés que nous avons employés pour chacune d'elles.

DÉTERMINATION DU POIDS ATOMIQUE DU CARBONE PAR LA COMBUSTION DU GRAPHITE NATUREL

Le graphite dont nous avons fait usage provenait de la collection du Jardin du Roi. C'était une portion d'un bel échantillon de graphite de Ceylan, en larges écailles d'une pureté extraordinaire.

Quoique ce corps ne contînt que des traces d'impuretés, on l'a soumis à un traitement très pénible, mais qu'on a jugé indispensable.

On l'a d'abord chauffé au rouge avec de la potasse caustique. Délayé dans l'eau et lavé, le produit restant a été soumis à quelques ablutions d'acide hydrochlorique faible.

Séché, puis soumis à l'action de l'acide chlorhydrique et de l'eau régale bouillante, ce produit leur cède quelques traces de fer.

Lavé et séché de nouveau, il a été exposé, à la chaleur blanche dans un tube de porcelaine, à l'action du chlore sec, pendant seize ou dix-huit heures au moins. Il s'est dégagé du chlorure de fer et du chlorure de silicium pendant les quatre premières heures du traitement ; mais pendant les dernières heures de cette longue expérience. il ne passait que du chlore absolument pur.

Le graphite ainsi purifié a été rougi à l'air avant la pesée et celle-ci a été exécutée immédiatement.

Pour en exécuter la combustion on l'avait placé dans une nacelle en platine, qui a été portée dans le tube renfermant déjà un mélange d'oxyde de cuivre et de 15 grammes de chlorate de potasse fondu (*Pl. III, fig. 1*).

En avant de la nacelle, on a introduit dans le tube de l'oxyde de cuivre pur.

Le tube, dans la partie correspondante à cet oxyde pur et à la nacelle, était revêtu d'une feuille de cuivre. Sa température portée au rouge vif a été maintenue à ce point pendant le dégagement de l'oxygène, qui a duré sept heures.

L'expérience terminée, la nacelle n'avait pas changé de poids ; la balance employée pouvait répondre d'un quart de milligramme.

I. Voici les nombres de la première expérience :

1,000 graphite :

3,636 acide carbonique, dans le premier appareil de Liebig
0,018 — — dans le second — —
0,017 — — dans le tube à potasse solide ;

3,671 acide carbonique total.

Supposons que l'acide carbonique renferme 27,67 de carbone, cette quantité d'acide carbonique représentera 1.015,76 de carbone, tandis qu'on n'en a réellement employé que 1.000.

Admettons au contraire, comme on l'a fait plus haut, que l'acide carbonique renferme seulement 27,27 de carbone, et l'on trouve alors pour 3,671 d'acide carbonique 1.001 de carbone, ce qui représente, à un millième près, la quantité employée.

Le poids atomique déduit de cette première expérience serait égal à 74,91.

II. Dans une seconde expérience, on a interposé un tube (6) à acide sulfurique en avant des appareils à potasse, pour suppléer à l'action hygrométrique insuffisante du chlorure de calcium fondu, seul agent dessiccateur employé d'abord.

0,998 graphite :

3,639	acide carbonique	dans le premier appareil de Liebig ;
0,008	— —	dans le second appareil de Liebig ;
0,013	— —	dans le tube à potasse solide ;
3,660	acide carbonique total.	

En calculant la quantité de carbone d'après le poids atomique de M. Berzélius, on trouverait que l'acide carbonique en représente 1.012,6, tandis qu'on n'en a brûlé que 998 ; calculée d'après le nouveau poids atomique, la quantité de carbone représentée par l'acide carbonique se trouve égale au contraire à 998,1.

Enfin, le poids atomique du carbone est égal à 75,04 d'après cette expérience.

III. Comme le graphite que nous avons employé n'avait laissé qu'une trace de silice dans la première expérience, et rien d'appréciable comme résidu dans la seconde, nous étions disposés à le regarder comme à peu près exempt de matière étrangère. Une troisième épreuve est venue nous détromper, en prouvant que des grains sableux disséminés çà et là avaient parfaitement résisté à toutes nos tentatives de purification.

1,000 graphite de Ceylan ont laissé :
0,006 sable silicieux très blanc en grains distincts ;

0,994 carbone réel :

3,630	acide carbonique	du premier appareil de Liebig;	
0,005	—	— du second	— —
0,010	—	— du tube à potasse solide;	
3,645	acide carbonique total.		

On tire de là 1.008,57 pour la quantité de carbone, en supposant que l'acide carbonique en renferme 27,67 p. 100;

On trouverait au contraire 993,99 de carbone, nombre tout à fait semblable à la quantité réellement brûlée, en admettant que l'acide carbonique ne contienne que 27,27 p. 100 de carbone.

Enfin, le poids atomique du carbone par cette expérience serait égal à 74,996.

IV. Comme on avait décomposé le chlorate de potasse dans les appareils eux-mêmes pour fournir l'oxygène nécessaire à la combustion du charbon, et qu'à la rigueur il pouvait en résulter quelques causes d'erreur, on a voulu se mettre à l'abri de leur influence. On a donc disposé l'appareil représenté dans la *fig. 3, Pl. III*, pour brûler le graphite dans le gaz oxygène préparé à l'avance et fourni par un réservoir.

Le gaz oxygène avait été recueilli dans de l'eau alcaline. Il était déplacé de son réservoir par de l'eau alcaline provenant du flacon. Il passait au travers d'un tube long et large, renfermant 1° de la ponce humectée d'une forte dissolution de potasse; 2° de la potasse en morceaux; 3° du verre humecté d'acide sulfurique. Pour s'assurer de sa sécheresse absolue, on lui faisait traverser un petit tube (6) plein de ponce humectée d'acide sulfurique et susceptible d'être pesé avec précision.

Le gaz arrivait ensuite dans un tube de porcelaine chauffé au rouge où se trouvait le graphite contenu dans une nacelle en platine. Un peu au delà on avait disposé une couche de cuivre en tournure complètement oxydée.

Il passait ensuite : 1° dans un tube plein de ponce humectée d'acide sulfurique; 2° dans un grand appareil de Liebig; 3° dans un appareil de Liebig plus petit; 4° dans un tube plein de ponce humectée de potasse concentrée; 5° dans un tube plein de potasse sèche; 6° dans un tube plein de ponce humectée d'acide sulfurique.

Pendant toute la durée de la combustion, un tube plein de

potasse en morceaux terminait l'appareil et prévenait toute introduction d'humidité ou d'acide carbonique empruntés à l'air.

L'expérience finie, on faisait passer pendant longtemps de l'air sec et pur dans les appareils pour en expulser l'oxygène libre ou dissous et le remplacer par de l'air. Voici les nombres de la première expérience :

1,216 graphite naturel :

4,404 acide carbonique du premier appareil de Liebig ;
0,042 — — du deuxième — —
0,015 — — du tube à potasse solide ;

4,461 acide carbonique total.

D'après le poids atomique de M. Berzélius, cette quantité d'acide carbonique représente 1.234,3 de carbone, tandis que, d'après le nouvel atome, elle correspond à 1.216, 3, quantité égale à celle qu'on a brûlée.

Le poids atomique du carbone serait donc égal à 74,946.

V. Cette nouvelle épreuve a été surveillée avec des précautions minutieuses.

1,472 graphite naturel ;
0,001 résidu sableux ;

1,471 graphite réel.

5,359 acide carbonique du premier appareil de Liebig ;
0,016 — — du deuxième appareil ;
0.020 — — du tube à potasse liquide et solide ;

5,395 acide carbonique total.

Cette quantité d'acide carbonique calculée avec le poids atomique de M. Berzélius donnerait 1.492,8 pour la quantité de carbone brûlée. Avec le poids atomique nouveau, on trouverait au contraire 1.471,2, ce qui correspond à la quantité employée.

DÉTERMINATION DU POIDS ATOMIQUE DU CARBONE PAR LA COMBUSTION DU GRAPHITE ARTIFICIEL

Nous avons extrait ce graphite d'une masse de fer provenant d'un haut fourneau au charbon de bois, qui en était tellement chargée qu'elle en paraissait lamelleuse. Ce fer était d'ailleurs très doux.

On l'a attaqué par l'acide hydrochlorique, qui a dissous la presque totalité du fer. Le résidu a été soumis à une ébullition prolongée avec l'eau régale ; on l'a ensuite fait bouillir longtemps avec une très forte dissolution de potasse.

Après des lavages abondants et convenables, on a soumis le graphite qui restait à l'action du chlore sec pendant quinze à seize heures à la chaleur blanche. Il s'est d'abord dégagé beaucoup de chlorure de fer et de chlorure de silicium ; et, quoiqu'il n'y en eût plus apparence depuis longtemps quand on a mis fin à l'expérience, on va voir que le graphite retenait encore quelques traces de sable silicieux interposé.

Ainsi préparé, ce graphite se présentait en belles et larges lames, très brillantes, mais comme rongées ou corrodées çà et là. Vues à la loupe, elles offraient des perforations entremêlées à des érosions plus ou moins profondes.

I. 0,993 graphite artificiel ont laissé après la combustion dans l'appareil de la figure 1, pl. III.
0,001 de sable silicieux ;

0,992 charbon réellement brûlé ;

3,621 acide carbonique dans le premier appareil de Liebig ;
0,008 — — dans le deuxième — —
0,013 — — dans le tube à potasse ;

3,642 acide carbonique total.

Admettons que l'acide carbonique renferme 27,67 de carbone, la quantité d'acide obtenue représentera 1.007,74, tandis qu'on n'en a brûlé que 0,992.

Admettons, au contraire, que l'acide carbonique contient 27,27, de carbone, et alors de la quantité d'acide carbonique on déduira 992,17 pour le carbone brûlé.

Du reste, d'après cette expérience, le poids atomique du carbone est égal à 74,87.

II. Dans une seconde combustion on est arrivé exactement au même résultat :

0,999 graphite artificiel ;
0,001 sable silicieux restant ;

0,998 carbone réel :

3,646	acide carbonique du premier appareil de Liebig ;	
0.011	— — du deuxième — —	
0,005	— — du tube à potasse solide ;	
3,662	acide carbonique total.	

Sans répéter les comparaisons déjà reproduites, nous nous bornerons à énoncer que le poids atomique du carbone déduit de cette expérience serait égal à 74,90.

III et IV. Les combustions précédentes ayant été faites à l'aide du chlorate de potasse placé dans le tube même qui contenait le graphite, on a voulu en vérifier les résultats par deux combustions dans l'oxygène gazeux. On a consacré à chacune d'elles 16 litres d'oxygène et plus de douze heures de temps, l'expérience ayant appris que le graphite artificiel est moins combustible que le graphite naturel lui-même.

III.		IV.
1,665	graphite artificiel	»
0,005	sable resté dans la nacelle	»
1,660	carbone pur	1,465
6,017	acide carbonique du premier appareil de Liebig.	5,290
0,034	acide carbonique du deuxième appareil de Liebig.	0,063
0,030	acide carbonique de la ponce alcalisée .	0,000
0,004	eau reportée dans le tube à acide sul. .	0,016
6.085	acide carbonique total	5,369 [1]

Une quantité d'acide carbonique, en admettant 27,27 de carbone dans 100 parties d'acide donnerait 1.659,4 de carbone, c'est-à-dire la quantité employée. D'après le nombre admis actuellement 27,67, elle représenterait 1.681,2 de carbone.

D'après cette expérience le poids atomique du carbone serait égal à 75,02.

Nous ajouterons que cette expérience nous a servi à constater l'absence complète de l'hydrogène dans le graphite. En effet, le gaz sortant du tube en porcelaine où s'opérait la

[1] Dans cette quatrième expérience, l'acide carbonique, par la pesée en bloc des appareils à la balance de Fortin, se serait élevé à 5,365 seulement. Entre ces deux nombres, dont la différence tient à quelque erreur de lecture, nous avons cité ce dernier dans notre résumé, comme étant le moins favorable à notre opinion.

combustion a déposé dans cette longue expérience un peu moins de 0,002 d'eau dans un tube de ponce imprégnée d'acide sulfurique qu'on avait disposé pour vérifier ce point. Il s'en suit que les 1,660 de graphite artificiel employés ne peuvent pas contenir plus de 0,0002 d'hydrogène, soit 1 d'hydrogène pour 10 000 de carbone, ce qui ne peut être considéré autrement que comme un accident de l'expérience, puisqu'il a fallu ouvrir le tube pour y glisser le graphite et qu'il serait bien difficile qu'il ne fût pas entré 2 milligrammes d'humidité pendant cette manipulation.

DÉTERMINATION DU POIDS ATOMIQUE DU CARBONE PAR LA COMBUSTION DU DIAMANT

Toutes les combustions du diamant ont été exécutées dans le tube en porcelaine, au moyen d'un courant d'oxygène gazeux, purifié ainsi qu'on l'a exposé plus haut. La seule modification qu'elles présentent entre elles consiste en ce que dans la première on a employé deux condenseurs de Liebig (*fig. 3, Pl. III*), tandis que dans les dernières on a supprimé le second, comme inutile, et aussi pour diminuer autant que possible le vide des appareils, qui entraîne toujours de légères incertitudes, parce que l'air qu'il contient possède une température qui n'est jamais bien connue (*fig. 2, Pl. III*).

I. 0,717 diamant en éclats ;
0,009 résidu dans la nacelle ;

0,708 diamant réel brûlé ;

2,532 acide carbonique dans le premier appareil de Liebig ;
0,017 — — dans le deuxième — —
0,042 — — dans le premier tube en U contenant la ponce alcalisée ;
0,007 eau transportée dans le deuxième tube en U contenant la ponce chargée d'acide sulfurique ;

2.598 acide carbonique total.

Cet acide représenterait avec le nouveau poids atomique du carbone 708,4 de charbon.

II. 0,886 diamants de nature en gros grains bruts, au nombre de dix-huit ;

0,865 diamants pesés après une longue ébullition dans l'eau régale et une légère calcination ;
0,001 cendres rougeâtres après la combustion ;

0,864 carbone réel ;

0,000 eau condensée par un tube en U rempli de ponce humectée d'acide sulfurique bouilli ;

3,127 acide carbonique du premier appareil Liebig ;
0,0145 — — du deuxième — —
0,021 — — du tube à ponce alcaline ;
0,005 eau transportée dans un tube à ponce acide ;

3,1675 acide total.

Cette quantité d'acide carbonique représenterait d'après M Berzélius 876,4 de carbone, avec le nouveau poids atomique elle correspond à 863,86.

III. 1,221 diamants de nature bruts, en gros cristaux, au nombre de six ;
1,221 diamants après longue ébullition dans l'eau régale et légère calcination ;
1,221 pesée de vérification dans la nacelle même ;
0,002 cendres ;

1,219 carbone réel.

4,407 acide carbonique du premier appareil de Liebig ;
0,021 — — du deuxième — —
0,030 — — de la ponce alcaline ;
0,007 eau transportée dans l'acide sulfurique ;

4,465 acide total.

Cette quantité d'acide carbonique représenterait 1.217,7 de carbone d'après le nouveau poids atomique et 1.235,7 d'après l'ancien. Nous ajouterons que cette proportion d'acide carbonique obtenue est pourtant un peu faible.

IV. 1,233 diamants bouillis dans l'eau régale puis légèrement calcinés. Ils consistent en deux gros diamants de nature et trois diamants taillés un peu colorés ;
0,001 cendres rougeâtres ;

1,232 carbone réel ;

4,517 acide carbonique total, pesé par double pesée en une seule fois à la balance de Fortin ;
0,001 eau condensée en avant des appareils garnis de potasse et qui résulterait de l'hydrogène du diamant.

Comme, dans cette expérience, on a simplifié les pesées tant qu'on a pu, nous ferons remarquer que :

	CARBONE
4,519 d'acide carbonique représente, d'après M. Berzélius	1.250,00
ou bien, d'après nous	1.232,00
on a réellement brûlé	1.232,00

En d'autres termes :

	ACIDE CARBONIQUE
1.232 de carbone devraient donner, d'après M. Berzélius.	4,454
ou bien, d'après nous	4,517
on en a réellement obtenu	4,517

V. 1,377 diamants de nature en menus grains pesés après ébullition dans l'eau régale et légère calcination ;
0,002 cendres ;

1,375 carbone réel ;

0,001 eau recueillie au plus et devant résulter de l'hydrogène du diamant ;
5,042 acide carbonique en bloc par double pesée à la balance de Fortin ;
5,041 nouvelle pesée exécutée de la même manière ;
4,939 acide carbonique du grand appareil de Liebig ;
0,076 — — d'un grand tube en U garni de ponce alcaline ;
0,027 eau transportée dans la ponce acide ;

5,042 acide carbonique total.

Si l'on prend 5,042 pour l'acide carbonique obtenu on trouve avec le nouveau poids atomique 1.375,09 pour le carbone brûlé ; nous en avons brûlé réellement 1.375. En partant de 5,041, on aurait 1.374,83 ; ce qui diffère à peine aussi du nombre vrai.

On voit qu'à mesure que nous répétions nos expériences

nous cherchions à nous mettre de mieux en mieux en garde contre toutes les causes d'erreur ; non plus pour vérifier le poids atomique de M. Berzélius, qui était bien décidément faux, mais pour atteindre le plus grand degré de précision dans l'évaluation du nouveau poids.

C'est ainsi que nous avons été conduits à discuter l'influence d'une cause d'erreur toujours négligée dans les recherches chimiques même les plus délicates et qui pour certains cas peut amener une grande correction sur les poids atomiques comme nous le ferons voir ailleurs. Ici, elle était négligeable, mais *a priori*, rien n'en donnait la preuve.

1 gramme de diamant déplace $0^{cm^3},3$ d'air représentant $0^{mgr},4$. D'où il suit que 1 gramme de diamant pesé dans l'air en représente sensiblement 1,0004.

D'autre part, 59,361 de potasse liquide d'une densité de 1,4691 ayant été employés à absorber de l'acide carbonique pur sont devenus 65,408 en prenant une densité égale à 1,5831.

En réduisant ces poids au vide on trouve que :

							VOLUME
59,361	deviennent	59,411	dont la densité	1,4691	donne		40 cm³, 44
65,408	—	65,458	—	1,583	—		41 cm³, 35

On a, en retranchant les premiers nombres des seconds, 6,047 le poids de l'acide carbonique, et son volume 0,91.

Il résulte de cette expérience qui pourra servir dans quelques analyses organiques délicates, que 1 gramme d'acide carbonique condensé par la potasse y occupe un volume égal à $0^{cm^3},15$.

Comme 1 gramme de diamant fournit 3,666 d'acide carbonique, celui-ci doit donc occuper un volume égal à $0^{cm^3},55$ d'air qui pèsent $0^{mgr},7$

D'où il suit que les corrections à faire pour l'air déplacé par le diamant et l'acide carbonique qu'il forme se confondent avec les incertitudes des pesées dans les circonstances où nous avons opéré. Il eût fallu brûler dix fois plus de diamant pour que nos balances pussent accuser sans incertitude ces petites quantités.

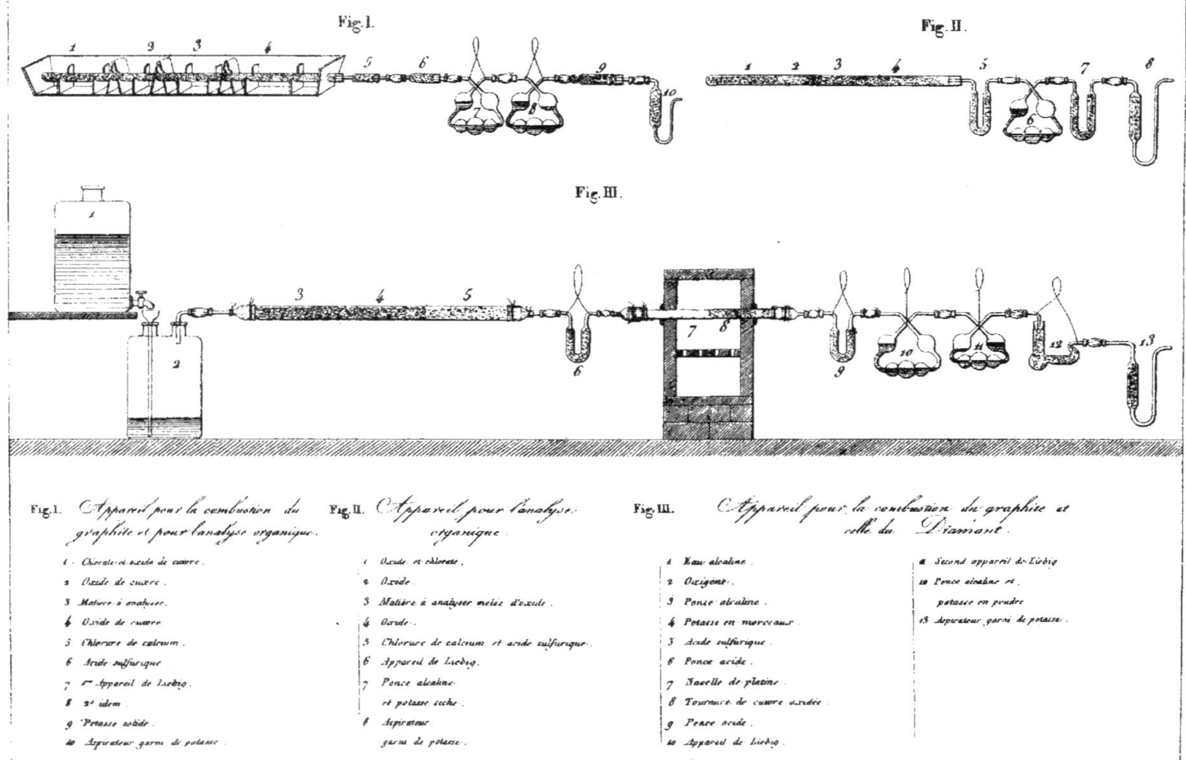
Annales de Chimie et de Physique 3e Série Tom. 1 (Janvier 1841).
Fig. I.
Fig. II.
Fig. III.
Fig. I. Appareil pour la combustion du graphite et pour l'analyse organique.
1 Chlorate et oxide de cuivre.
2 Oxide de cuivre.
3 Matiere à analyser.
4 Oxide de cuivre.
5 Chlorure de calcium.
6 Acide sulfurique.
7 1er Appareil de Liebig.
8 2e idem.
9 Potasse solide.
10 Aspirateur garni de potasse.
Fig. II. Appareil pour l'analyse organique.
1 Oxide et chlorate.
2 Oxide.
3 Matière à analyser melée d'oxide.
4 Oxide.
5 Chlorure de calcium et acide sulfurique.
6 Appareil de Liebig.
7 Ponce alcaline et potasse seche.
8 Aspirateur garni de potasse.
Fig. III. Appareil pour la combustion du graphite et celle du Diamant.
1 Eau alcaline.
2 Oxigène.
3 Ponce alcaline.
4 Potasse en morceaux.
5 Acide sulfurique.
6 Ponce acide.
7 Nacelle de platine.
8 Tournure de cuivre oxidée.
9 Ponce acide.
10 Appareil de Liebig.
11 Second appareil de Liebig.
12 Ponce alcaline et potasse en poudre.
13 Aspirateur garni de potasse.
Gravé par Benon, quai Napoléon 7.
"LES CLASSIQUES DE LA SCIENCE" . I L'air, l'acide carbonique, l'eau Pl. III (p. 66-67)

RECHERCHES NOUVELLES

sur le véritable poids atomique du carbone.

Par M. STAS

(*Bulletin de l'Académie de Belgique*, XVI, p. 9.)

Dans la séance de l'Académie des Sciences de l'Institut de France, du 31 décembre 1840, nous avons communiqué M. Dumas et moi, le résultat de nos recherches sur la composition de l'acide carbonique.

Les chimistes se rappellent que nos expériences nous ont conduits à ce fait inattendu qu'il existe une erreur de 2 p. 100 environ sur le poids atomique du carbone admis à cette époque, d'après les travaux de Berzélius et Dulong. Ces recherches étaient à peine connues que plusieurs chimistes et physiciens reprirent le même sujet; on en comprend aisément la raison : le poids atomique du carbone, déduit de nos expériences, modifiait considérablement la composition de matières organiques renfermant un grand nombre de molécules de carbone, et l'analyse organique elle-même, qui repose sur la connaissance exacte de la composition de l'acide carbonique, y était vivement intéressée.

Une autre considération n'y fut peut-être pas étrangère. L'erreur considérable que nous venions de signaler sur un poids atomique, journellement employé dans les calculs, mettait en question l'exactitude des déterminations faites pour les autres corps, exactitude que jusqu'à ce jour personne n'avait suspectée. L'usage que les chimistes avaient fait, depuis près d'un quart de siècle, de ces déterminations, les protégeait par une espèce de prescription contre le contrôle qu'on aurait été tenté d'en faire.

Le baron de Wrede, le premier, à la sollicitation de Berzélius, qui critiqua nos résultats, entreprit de déterminer les poids spécifiques de l'oxygène, de l'oxyde de carbone et de l'acide carbonique, afin de déduire de leur comparaison le véritable poids atomique de carbone. Quoique déjà le physicien suédois eût pu se convaincre que l'acide carbonique ne suit pas la *loi de Mariotte*, Berzélius, dans son rapport du 31 mars 1841, ne s'empressa pas moins de conclure que le poids atomique du carbone était supérieur à 75,4 et inférieur à 76,0 tandis que la moyenne de nos expériences le portait exactement à 75,0.

Le baron de Wrede, ayant déterminé plus tard le coefficient du changement de poids spécifique que le gaz acide carbonique éprouve par un changement de pression, arriva à cette conclusion que le poids atomique du carbone était, contrairement à ce que Berzélius avait annoncé, inférieur à 75,40 et qu'il était égal à 74.12. Ne connaissant ce travail que par l'extrait insuffisant que l'illustre chimiste de Stockholm en a donné dans son rapport annuel du 31 mars 1842, je ne puis guère discuter cette donnée. Cependant, si je prends le poids spécifique du gaz oxyde de carbone, que le baron de Wrede a trouvé = 0,96779, et si j'en soustrais la demi densité de l'oxygène qui. d'après MM. Dumas, Boussingault et Regnault, est de 1,1057[1], j'obtiens pour le poids spécifique de la vapeur du carbone, 0,41494, et pour poids atomique de ce corps 75,058, chiffre qui rentre complètement dans les résultats que mon illustre maître et moi avons obtenus dans notre synthèse de l'acide carbonique.

D'après les expériences de M. Regnault sur la densité de l'acide carbonique, à différentes pressions, il est également prouvé que ce gaz, à la température 0°, s'écarte d'une manière très marquée de la *loi de Mariotte*. Ce célèbre physicien a trouvé que les changements que la densité éprouve par des pressions successivement décroissantes ne suivent pas une progression constante, comme le suppose la formule admise par le baron de Wrede pour calculer cette densité; de manière que, quelle que soit l'habileté que le physicien suédois ait mise dans ses expériences, il ne peut invoquer le poids spécifique de l'acide carbonique pour fixer avec certitude le poids atomique du carbone.

[1] Je me sers ici des données des physiciens français, parce que je ne connais pas la densité que le baron de Wrede a trouvée pour l'oxygène.

En même temps que le baron de Wrede cherchait la solution du problème dont je m'occupe en ce moment, MM. Liebig et Redtenbacker firent de leur côté une série d'expériences dans le même but. Se basant sur l'exactitude des atomes de l'argent et de l'hydrogène, ils cherchèrent la quantité de métal que laissent, par la combustion à l'air libre, l'acétate, le tartrate, le paratartrate et le malate de l'oxyde d'argent; ils arrivèrent à ce résultat que le poids atomique du carbone devait s'élever à 75,85, chiffre qui s'écarte de près de $\frac{11}{10}$ p. 100, de celui déduit de notre synthèse d'acide carbonique. Il y a évidemment erreur dans cette détermination, et la cause en est en effet facile à découvrir : elle réside dans la volatilisation de l'argent qui a lieu lors de la combustion du sel, ainsi que dans le mélange de sels étrangers dans les produits analysés. L'expérience m'a fait découvrir que le tartrate d'argent, par exemple, obtenu à l'aide d'acide tartrique ou du bitartrate d'ammoniaque et de l'azotate d'argent renferme presque toujours des traces de ce dernier sel. Aussi dans plusieurs analyses que j'ai faites du tartrate d'argent, je suis arrivé aux chiffres obtenus par l'illustre chimiste de Giessen. A la même époque (1841), MM. Erdmann et Marchand entreprirent de contrôler nos recherches; ils firent, comme nous, la synthèse de l'acide carbonique, en brûlant dans un courant d'oxygène pur et sec un poids connu de carbone à l'état de diamant et de graphite. Les vingt combustions qu'ils exécutèrent donnèrent pour moyenne 75,05, et ils adoptèrent le chiffre 75,00 pour le poids atomique du carbone, qui est, comme je l'ai déjà dit, la moyenne de nos résultats.

Quoique ces expériences soient une vérification suffisante de l'exactitude de nos déterminations, il pourrait cependant rester un doute dans l'esprit des chimistes.

Le véritable poids atomique du carbone est-il exactement 75,00 ? N'est-il pas possible que ce soit un nombre compris parmi ceux que nous avons trouvés entre les limites extrêmes de 74,875 et 75,125? Personne certainement ne l'oserait affirmer, en se basant sur nos données et sur celles fournies par MM. Erdmann et Marchand.

Les quantités de carbone qui ont été employées dans

toutes les expériences sont trop faibles pour que les erreurs, inévitables dans l'expérimentation, n'influent point sur les résultats et ne leur enlèvent ainsi le degré de certitude nécessaire pour décider cette question ; toutefois, je dois le dire, si la moyenne de ces déterminations avait été 75,20, par exemple, au lieu de 75,00, l'illustre chimiste de Stockholm l'aurait immédiatement acceptée, comme il a fini par se rallier au chiffre 75,12, parce qu'en définitive, nous avons suivi, pour établir cette moyenne, la voie adoptée par les chimistes et les physiciens. Malheureusement le nombre 75,00 se trouve dans un rapport simple à l'égard de l'oxygène ; il est de 6 à 8, et l'on sait que Berzélius n'a jamais admis qu'il existe de rapport simple entre le poids atomique de certains corps, comme l'hydrogène, l'oxygène, le soufre, le carbone, l'azote, etc. Je ne parle pas ici des critiques qu'il a faites de notre travail ; on ne se souvient plus aujourd'hui que des services immenses qu'il a rendus aux sciences et qui ont illustré sa patrie et son nom.

Tel était l'état de la question, quand, à la sollicitation réitérée de mon illustre maître, je pris la résolution d'entreprendre une nouvelle série d'expériences. En me mettant à l'œuvre, je n'avais certainement pas la prétention de résoudre d'une manière définitive cette question si délicate de savoir si oui ou non le poids atomique du carbone doit être représenté par 75,00, si le rapport du carbone à l'oxygène est exactement de 6 à 8. Mon seul but était de resserrer les limites extrêmes des chiffres fournis par nos recherches antérieures, bien persuadé que j'étais que le poids de l'atome du carbone devait être compris par ceux-ci.

Pour parvenir à exécuter convenablement ce projet, deux moyens se présentaient à mon esprit. Le premier consistait à répéter, mais sur une plus vaste échelle, des combustions de carbone ; ce moyen, je l'aurais certainement suivi si j'avais eu à ma disposition les diamants nécessaires ; mais il faut bien le dire, je ne pouvais pas y songer. Je ne pouvais pas plus me servir de graphite, parce que l'emploi de ce corps me jetait dans toutes les difficultés de pesées que nous avions rencontrées dans nos expériences antérieures. Le deuxième moyen consistait à faire la synthèse de l'acide carbonique à l'aide d'un composé oxygéné de carbone. Je choisis à cet effet l'oxyde de carbone, que l'on peut aisément se procurer en quantité et à l'état de pureté convenable. Deux voies m'étaient encore ouvertes ; et les expériences bien exécutées, l'une et l'autre, devaient me conduire à un bon résultat. D'un côté, je pouvais tenter de déterminer le poids d'acide carbonique produit par la combustion d'un poids connu d'oxyde de carbone ; de l'autre, je pouvais rechercher le poids d'oxygène absorbé par une quantité inconnue d'oxyde de carbone pour former un poids connu d'acide carbonique. De chacune de ces données, il est facile de déduire le rapport de l'atome de l'oxyde de carbone à celui de l'oxygène, et d'arriver de celui-là au poids de l'atome du carbone lui-même.

Je m'empresse de dire que j'ai complètement échoué dans les différentes tentatives que j'ai faites dans la première voie, celle qui consiste à rechercher le poids d'acide carbonique résultant d'une quantité connue d'oxyde de carbone. Les chimistes jugeront, par l'exposé dont je vais avoir l'honneur d'entretenir l'Académie, si j'ai été assez heureux pour vaincre les difficultés que j'ai rencontrées dans l'exécution des expériences que j'ai tentées dans la seconde voie.

Ces expériences ont été commencées en 1842, et successivement reprises en 1843, 1844 et 1845. Pour les exécuter, j'ai imaginé un appareil qui, pour le principe, a quelque analogie avec celui employé pour la synthèse de l'eau. La matière chargée de fournir de l'oxygène est l'oxyde de cuivre ; les substances destinées à absorber l'acide carbonique sont des solutions de potasse pure. L'appareil lui-même est formé de quatre parties distinctes (voir la figure p. 72) :

La première se compose d'un gazomètre A de 80 à 90 litres de capacité et renfermant de l'oxyde de carbone ;

La seconde partie B, C, D, E, F, G, H, I, J, est destinée à dépouiller l'oxyde de quelques traces d'acide carbonique, d'oxygène libre et d'eau dont le gaz est saturé, et à fournir ainsi le gaz chimiquement pur ou, du moins, ne contenant ni oxygène, ni acide carbonique, ni vapeur aqueuse ;

La troisième partie K est un tube de verre dur renfermant de l'oxyde de cuivre pur ;

La quatrième partie M, N, O, P, Q, est un système absorbant de l'acide carbonique.

Je crois nécessaire d'entrer dans quelques détails sur les

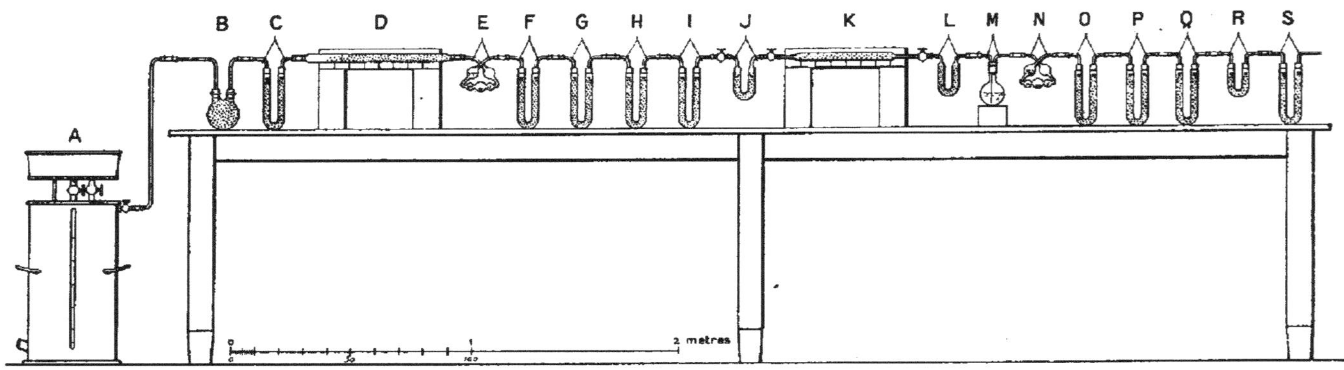

Appareil pour la synthèse de l'acide carbonique par l'oxyde de carbone

A. Gazomètre contenant l'oxyde de carbone.
B. Flacon de Woulf renfermant de la pierre ponce humectée d'une forte solution de potasse caustique pure.
C. Tube renfermant de la pierre humectée d'acide sulfurique concentré.
D. Tube renfermant du cuivre métallique.
E. Tube de Liebig renfermant une solution de potasse à 48°.
FG. Tube renfermant de la pierre ponce humectée d'une très forte solution de potasse caustique.
H. Tube renfermant de la potasse caustique, fondue et pulvérisée.
I. Tube renfermant de la pierre ponce humectée d'acide sulfurique concentré.
J. Témoin renfermant de la pierre ponce humectée d'acide sulfurique.
K. Tube contenant de l'oxyde de cuivre.
L. Témoin renfermant de la pierre ponce humectée d'acide sulfurique.
M. Matras contenant une solution de potasse caustique à 42°.
N. Tube de Liebig contenant une solution de potasse caustique à 45°.
O. Tube renfermant de la pierre ponce humectée d'une solution de potasse à 45°.
P. Tube renfermant dans la première moitié de la pierre ponce humectée de potasse à 45° et dans l'autre des fragments de potasse fondue.
Q. Tube renfermant de la pierre ponce humectée d'acide sulfurique.
R. Témoin renfermant de la pierre ponce humectée d'acide sulfurique.
S. Tube renfermant de la pierre ponce humectée d'acide sulfurique et destiné à garantir le témoin R de l'humidité atmosphérique.

dispositions de chacune de ces parties, d'autant plus que je n'y suis arrivé qu'après de longs tâtonnements et de nombreux insuccès. Les chimistes qui voudront, un jour, reprendre ce sujet, se convaincront que ces dispositions sont indispensables pour obtenir un résultat constant :

PRÉPARATION DE L'OXYDE DE CARBONE

Mes premiers soins ont été dirigés vers la préparation de l'oxyde de carbone. La plus grande difficulté que j'ai rencontrée a été d'obtenir ce gaz complètement dépouillé d'oxygène, difficulté qui provient de la nécessité de recueillir le gaz dont il s'agit dans un gazomètre rempli d'eau. Je suis cependant parvenu à la vaincre en remplissant l'instrument d'eau bouillie, contenant 5 p. 100 de protoxyde d'étain dissous dans la potasse. Cette dissolution possède ce double avantage de dépouiller simultanément l'eau et le gaz oxyde de carbone d'oxygène libre et d'acide carbonique.

Cette même dissolution, recueillie dans des flacons, et abritée du contact de l'air, servait, dans l'expérience, pour déplacer le gaz oxyde de carbone. Afin d'être toujours certain de son pouvoir désoxydant, j'y ai ajouté de l'acide sulfindigotique, qui aurait immédiatement communiqué au liquide sa belle couleur pourpre, si ce liquide ou le gaz avaient contenu de l'oxygène libre.

J'ai préparé l'oxyde de carbone en traitant l'acide oxalique desséché à 100°, par trois fois son poids d'acide sulfurique de Nordhausen. Cette opération s'effectue aisément et avec beaucoup de régularité, en prenant la précaution de ne chauffer le vase qui renferme le mélange que sur des parties successives et, par conséquent, avec des charbons isolés ; sans cela, en opérant sur 500 grammes d'acide oxalique sec et 1.500 à 1.800 grammes d'acide sulfurique, l'effervescence et, par suite, la tension interne, peut devenir assez forte pour faire éclater le vase.

Pour dépouiller l'oxyde de carbone de l'acide carbonique qui se produit simultanément, je l'ai fait passer au travers de trois flacons de Woulf, de 3 litres de capacité, dont le premier renfermait une solution de potasse caustique à 20°, le second, une solution de potasse pure à 40°, et dont le troisième était rempli de pierre ponce humectée de potasse à 45°.

Avant d'introduire l'oxyde de carbone dans le gazomètre, j'ai toujours laissé perdre une vingtaine de litres de gaz. Le tube adducteur était à trois branches ; l'une en communication avec le flacon de Woulf, l'autre avec le gazomètre, la troisième avec un vase plein d'eau. Sur le trajet de celle qui allait au gazomètre, se trouvait un robinet ; à l'aide de cette disposition, je pouvais opérer le dégagement au dehors, examiner le gaz, et ne laisser pénétrer celui-ci dans le gazomètre que pour autant qu'il me parût suffisamment pur.

DISPOSITION DES APPAREILS DESTINÉS A DÉPOUILLER L'OXYDE DE CARBONE RENFERMÉ DANS LE GAZOMÈTRE D'ACIDE CARBONIQUE, D'OXYGÈNE ET DE VAPEUR AQUEUSE.

Malgré les précautions prises pour priver l'oxyde de carbone, contenu dans le gazomètre, d'acide carbonique et d'oxygène libres, il en contenait toujours quelques traces ; de sorte que j'ai été forcé de le faire passer par un système d'appareil capable d'éliminer ces corps. J'ai déterminé l'absorption de l'acide carbonique en conduisant le gaz au travers d'une sphère B (voir la figure p. 72) à parois très épaisses, portant deux tubulures, et renfermant de la pierre ponce humectée d'une solution de potasse à 45° ; je l'ai desséché à l'aide de la pierre ponce humectée d'acide sulfurique.

Voici ce que j'ai fait pour me débarrasser de l'oxygène libre : un tube en verre vert D, long de 60 centimètres, renfermant des planures de cuivre, oxydées d'abord, puis réduites par l'oxyde de carbone même, est adapté, à l'aide d'un tube de caoutchouc, au tube C. Ce tube D repose sur une grille en fer. Pendant le passage du gaz, les deux tiers antérieurs sont chauffés au rouge décidé, tandis que le tiers postérieur est faiblement chauffé ; dans ce dernier, la majeure partie de l'oxygène libre, que renferme l'oxyde de carbone, est retenue à l'état d'oxyde de cuivre ; ce qui échappe passe, par le fait de l'élévation de la température, à l'état d'acide carbonique, aux dépens même de l'oxyde de carbone[1].

[1] J'ai constamment observé que le cuivre métallique absorbe l'oxygène à une tempé-

A ce tube, succède un appareil Liebig E, renfermant une solution de potasse, deux tubes en U, contenant de la pierre ponce humectée de potasse, un troisième contenant de la potasse caustique finement pulvérisée ; ces appareils servent à absorber l'acide carbonique produit aux dépens de l'oxygène et de l'oxyde de carbone; enfin un quatrième tube en U, à pierre ponce sulfurique, et destiné à retenir l'eau que la potasse solide a laissé échapper, termine le système d'appareil. Ce dernier tube est muni d'un robinet.

Comme la pierre ponce humectée d'alcali et d'acide sulfurique renferme toujours l'air condensé dans ses pores, j'ai éliminé ce dernier en faisant à plusieurs reprises le vide dans la sphère B et dans les tubes et appareil C D E F G H I, et je l'ai remplacé par de l'oxyde de carbone du gazomètre. Quand j'ai eu enlevé cinq à six fois le gaz et restitué à chaque reprise l'oxyde de carbone, *j'ai obtenu un gaz complètement dépouillé d'acide carbonique, d'oxygène et de vapeur aqueuse ; il contient au plus quelques traces insignifiantes d'azote, qui ne peuvent avoir aucune influence dans l'expérience.*

La dessiccation est également parfaite; dans chaque expérience, je m'en suis assuré à l'aide d'un témoin J qui est interposé entre le système et le tube à oxyde de cuivre.

DISPOSITION DU TUBE A OXYDE DE CUIVRE

Le tube contenant de l'oxyde de cuivre était en verre vert, de 45 à 50 centimètres de longueur, sur 2,5 à 3 centimètres de diamètre ; j'ai soudé à ses deux bouts deux autres tubes de verre vert, longs de 12 centimètres et de 1 centimètre de diamètre ; à ces derniers j'ai adapté, à l'aide des tubes en caoutchouc, deux petits robinets assez parfaitement rodés, pour soutenir le vide pendant plusieurs jours. Des lanières de cuivre rouge obtenues en passant au laminoir du fil de cuivre de 1 millimètre d'épaisseur servent à fixer hermétiquement les robinets sur les bouts des tubes.

Comme ces lanières se juxtaposent parfaitement, elles

rature infiniment plus basse que celle qui est nécessaire pour unir directement le gaz oxygène à l'oxyde de carbone, et même pour réduire l'oxyde de cuivre par ce dernier gaz.

couvrent complètement la surface de caoutchouc. J'ai écarté ainsi les craintes que l'on peut avoir sur les propriétés hygrométriques du caoutchouc, craintes que je ne crois cependant pas fondées.

L'oxyde de cuivre renfermé dans le tube a été préparé à l'aide de la calcination, dans un creuset de porcelaine, de l'azotate de cuivre chimiquement pur; immédiatement après sa préparation, je l'ai introduit dans le tube. Pour éviter l'entraînement d'oxyde ou de métal, en faisant le vide, j'ai placé dans un des bouts de l'amiante récemment rougi, ainsi qu'une bourre de fil fin de platine. L'eau que l'oxyde a pu enlever à l'air a été éliminée, en chauffant le tube dans toute sa longueur et en y faisant passer en même temps un courant d'air sec. Je me suis toujours bien gardé de rougir fortement le tube, afin d'éviter l'altération à la surface du verre; quand l'oxyde ne cédait plus l'eau, j'y ai fait le vide à plusieurs reprises, en ayant chaque fois la précaution de remplacer l'air soustrait par de l'oxyde de carbone pur et sec. Je l'abandonnai ensuite à lui-même, les robinets fermés. Après douze heures, trouvant le vide parfaitement maintenu dans le tube, je l'essuyai à l'aide d'un linge fin et sec, et le considérai dès lors comme étant dans un état convenable pour être pesé.

Il était excessivement important de m'assurer si un tube de ce genre conserve toujours son poids. Voici ce que j'ai fait pour en acquérir la certitude : j'ai pris un tube préparé pour l'expérience, mais dont je n'avais pas encore soustrait l'air; je l'avais chauffé plus fort qu'il n'était nécessaire, pour exagérer les erreurs qui peuvent résulter de l'altération de la surface du verre. Après une demi-heure de refroidissement, je l'ai pesé à une balance qui m'a servi dans toutes mes expériences, qui porte 2 kilogrammes dans chaque plateau, et accuse dans cette circonstance $0^{gr},0005$.

Voici son poids :

$539^{gr},541$ après une demi-heure de refroidissement;
$539^{gr},5535$ après six heures de refroidissement;
$539^{gr},553$ après vingt-quatre heures de refroidissement.

Sans toucher aux robinets, je l'ai fortement rougi, son

poids était alors de :

539gr,538 après une demi-heure de refroidissement ;
539gr,552 après six heures de refroidissement ;
539gr,552 après quarante-huit heures de refroidissement.

J'ai répété encore cette expérience, mais en exagérant considérablement les circonstances qui peuvent altérer les tubes, et j'ai obtenu :

539gr,540 après une demi-heure de refroidissement ;
539gr,553 après six heures de refroidissement ;
539gr,554 après quarante-huit heures de refroidissement.

Ainsi la plus grande erreur commise a été de 0gr,002. et en exagérant la chaleur et en faisant intervenir les cendres du charbon, l'erreur moyenne est de 0gr,0015 : pour ma part donc, je suis pleinement convaincu qu'un tube de verre vert de France ou de verre blanc et dur de Bohême peut être chauffé un grand nombre de fois au rouge et conserver parfaitement son poids; il suffit seulement d'attendre un temps assez long pour que la surface du verre reprenne son eau hygrométrique[1].

Pendant l'expérience, le tube à oxyde était suspendu sur une grille et ne reposait que par ses deux bouts. Il était chauffé à l'aide du charbon ; mais, pour éviter l'action des cendres sur le verre, j'ai placé plusieurs toiles métalliques, de telle manière que ni cendres ni toiles ne touchassent au tube. J'ai pu agir de la sorte, parce que l'oxyde de carbone réduisant l'oxyde de cuivre faiblement calciné à une très basse température, il n'est pas nécessaire de chauffer le tube au point de le faire rougir.

DISPOSITIONS DES APPAREILS DESTINÉS A ABSORBER L'ACIDE CARBONIQUE PRODUIT PAR LA RÉDUCTION DE L'OXYDE DE CUIVRE

Comme il fallait absorber une quantité considérable d'acide carbonique, j'ai dû ajouter aux appareils employés à cet usage un autre appareil, capable de retenir presque tout le gaz produit. Après plusieurs tâtonnements, j'ai trouvé qu'un

[1] Les nombreuses pesées que j'ai faites de tubes de ce genre m'ont convaincu que l'état hygrométrique de l'air n'influe en rien sur le poids de ces tubes, si cet état reste entre les limites de 88 à 93° de l'hygromètre de Saussure.

ballon (M) rempli aux deux tiers d'une solution de potasse caustique pure à 42° remplissait mieux le but. Les tubes nécessaires pour la conduite du gaz étaient fixés à l'aide d'un bouchon recouvert d'un mastic fait au moyen de la gomme laque, de la térébenthine de Venise et du chromate jaune de plomb. Ce mastic est dense et dur, éclate difficilement et donne une surface fort lisse et extraordinairement peu hygrométrique.

A ce ballon succédaient : 1° un appareil de Liebig (N), renfermant une solution de potasse caustique à 45° ; 2° un tube en U (O) renfermant de la pierre ponce humectée de potasse à 45° ; 3° un autre tube en U (P) contenant dans la première moitié de la pierre ponce humectée de potasse à 45°, et dans l'autre moitié de la potasse fondue et finement pulvérisée. Enfin, un tube en U (Q) rempli de pierre ponce humectée d'acide sulfurique terminait ce système absorbant.

Pour rechercher si ce système condense tout l'acide carbonique qu'on y fait passer, et pour déterminer s'il conserve bien un poids constant, je l'ai soumis aux vérifications suivantes : d'abord, j'ai cherché un appareil pouvant dégager une centaine de grammes d'acide carbonique sec. A cet effet, j'ai pris un large tube de verre, fermé par un bout ; je l'ai rempli aux deux tiers de bicarbonate de soude ; j'ai placé dans l'autre tiers du chlorure de calcium fondu pour retenir l'eau. Le bicarbonate de soude était séparé du chlorure par une bourre de fils de platine. A l'extrémité béante du tube était adapté, à l'aide d'un tube de caoutchouc, un petit robinet, capable de tenir le vide. Afin d'éliminer l'air du tube et des interstices du sel, je l'ai faiblement chauffé par le bout opposé, de manière à dégager de l'acide carbonique ; le tube étant rempli de gaz, j'ai fait le vide à plusieurs reprises en continuant toujours le dégagement d'acide carbonique. Quand le gaz qui se dégageait était depuis quelque temps complètement absorbable par une solution de potasse, j'ai fermé le robinet et abandonné le tube au refroidissement pendant six heures. Après ce temps, son poids invariable était de 658gr,092. Je l'ai mis ensuite en communication à l'aide d'un tube à trois branches avec l'appareil d'absorption d'acide carbonique : à la troisième branche était adapté un petit robinet suivi d'un tube à pierre ponce acide et d'un autre à potasse. J'ai chauffé ensuite et avec précaution une partie de ce tube, pour en dégager l'acide carbonique, puis j'ai ouvert le robinet de ce tube, pour laisser passer le gaz dans la potasse; après trois quarts d'heure de dégagement, j'ai fermé le robinet du tube au bicarbonate et j'ai aspiré de l'air au travers du système. Cet air arrivait sec et dépouillé d'acide carbonique par le robinet dont j'ai parlé plus haut. Après trois heures de refroidissement, le poids du tube à bicarbonate de soude était de 624gr,940; après six heures, il était de 624gr,943, poids qui est resté invariable; il avait donc perdu : 658,092 — 624,943 = 33,149, qui, réduits au vide, représentent le poids réel de 33,144.

Le poids du système à potasse était :

avant l'absorption, de.	962gr,613
trois heures après l'expérience, il était de	995gr,739
cinq — — — de	995gr,752
sept — — — de	995gr,755
le lendemain toute la journée, le poids était de	995gr,761 [1]

En prenant le poids de la veille, nous avons 995gr,755: 995,755 — 962,613 = 33,142 ; en calculant avec la pesée du lendemain, nous avons 995,761 — 962,613 = 33,148, qui,

[1] Comme le système absorbant à acide carbonique présente un volume notable, son poids varie faiblement avec la température et l'état hygrométrique de l'atmosphère. Ne connaissant aucun moyen pour déterminer ce volume, j'ai dû, pour éviter les erreurs, avoir recours à un artifice pour peser les appareils, avant et après l'expérience, dans des conditions atmosphériques à peu près identiques. Cet artifice consiste à introduire dans la cage de la balance, qui renferme les appareils, des corps chauds et froids, humides ou desséchants, suivant les variations du thermomètre ou de l'hygromètre. De cette manière, je suis parvenu à maintenir pendant une journée entière l'atmosphère de la cage de la balance dans un état thermométrique et hygrométrique identique. Il ne m'a pas paru que les variations de pression exerçassent une influence appréciable sur le poids.

Les nombreuses pesées que j'ai faites m'ont démontré qu'il ne convenait de déterminer le poids des appareils que six à sept heures après que l'expérience est terminée. Il faut un espace aussi long, quelquefois même dix heures, quand l'air est très chargé d'humidité, pour que le poids devienne constant.

Quand les appareils sont en repos, pour leur faire prendre leur première humidité et les mettre en équilibre de température, je ferme les ouvertures des tubes à l'aide de petits tubes en caoutchouc bouchés par un bout. Ces espèces de poches sont liées sur les tubes de manière à ne permettre ni l'entrée, ni la sortie de l'air; lors des pesées, elles sont enlevées.

J'ai déjà accroché à la balance, pendant douze heures consécutives, le système absorbant, fermé de cette manière, sans que son poids éprouvât la moindre variation : bien entendu en maintenant l'état thermométrique et hygrométrique de l'air de la cage constant.

réduits au vide, valent 33^{gr},149. Mais le tube en a perdu 33^{gr},144, ce qui diffère de la première pesée de — 0,002 et de la seconde de + 0,005.

Quoique ce résultat fût satisfaisant, j'ai répété l'expérience : j'ai mis le même tube à bicarbonate en communication avec l'appareil absorbant, et j'ai dégagé de nouveau de l'acide carbonique, jusqu'à déterminer la cristallisation d'une partie du carbonate de potasse produit. L'opération terminée, j'ai fermé le robinet du tube à bicarbonate de soude, et j'ai aspiré, au travers de l'appareil absorbant, de l'air sec et privé d'acide carbonique ; puis j'ai abandonné jusqu'au lendemain le tout, bien abrité du contact de l'humidité et de l'acide carbonique. Après dix-huit heures, le poids du tube à bicarbonate était égal à 597^{gr}.872 ; il avait donc perdu 27,071, qui représentent 27^{gr},067 d'acide carbonique.

Mais le système à potasse était devenu 1.022^{gr},831, d'où il résulte une augmentation réelle de 27^{gr},071, ce qui fait le poids de l'acide carbonique perdu par le tube à + 0^{gr},004.

Voilà en résumé les dispositions que j'ai cru devoir prendre pour assurer, autant que possible, l'exactitude des déterminations.

Avant de donner le résultat des expériences, je dois, pour les terminer, indiquer comment je me suis pris pour les exécuter : j'ai commencé par adapter le témoin J au système destiné à fournir l'oxyde de carbone pur, et j'y ai fait passer le gaz, afin d'éliminer l'air confiné dans les pores de la pierre ponce ; ensuite j'y ai joint le tube à oxyde, qui lui-même était déjà en communication avec le témoin L et avec tout le système absorbant d'acide carbonique ; j'ai terminé le tout par le témoin R et un autre tube, destiné à préserver celui-ci de l'humidité atmosphérique.

L'appareil étant ainsi disposé, j'ouvre d'abord le robinet du gazomètre, je chauffe au rouge le tube D contenant du cuivre métallique, puis je tourne avec précaution, afin d'empêcher les projections et entraînements, la clef du robinet du tube à oxyde de cuivre, pour y laisser pénétrer l'oxyde de carbone ; enfin, j'ouvre, à son tour, le robinet antérieur de ce tube, pour laisser écouler du gaz et en remplir, à plusieurs reprises, le système absorbant.

Je règle l'écoulement gazeux de manière à ne laisser passer

au delà d'un litre par quinze minutes. Quand plusieurs litres de gaz ont traversé l'appareil, je chauffe le tube à oxyde avec les précautions que j'ai indiquées plus haut. L'oxyde de carbone passe totalement à l'état d'acide carbonique, qui vient s'éteindre dans la potasse du ballon. Je continue le dégagement jusqu'à ce que la potasse commence à se saturer, ou mieux, jusqu'à ce que l'acide carbonique commence à passer dans l'appareil de Liebig. Arrivé à cette époque, j'enlève les charbons du tube à oxyde, tout en laissant toujours écouler du gaz oxyde de carbone ; quand le tube à oxyde est bien refroidi et que tout l'acide carbonique est déplacé du tube à oxyde, ainsi que du témoin L, je ferme le robinet du gazomètre, ainsi que ceux du tube à oxyde ; je détache celui-ci de ces deux témoins. Je réunis le témoin J au témoin L, qui est resté en communication avec l'appareil absorbant, et je fais précéder le tout d'un système qui fournit, avec sûreté, de l'air sec et privé d'acide carbonique ; je fais passer ensuite un courant d'air, à l'aide d'un flacon aspirateur, pour éliminer l'oxyde de carbone et remplacer ce gaz par de l'air sec ; quand 5 à 6 litres d'air ont traversé ainsi très lentement les appareils, je les sépare, en ayant la précaution de les fermer immédiatement et hermétiquement l'un et l'autre[1] ; je commence par peser le témoin L, puis les témoins J et R[2], ensuite je fais le vide dans le tube à oxyde en prenant la précaution de n'entraîner aucune trace du métal ; je l'essuie à l'aide d'un linge fin et l'abandonne, pendant six heures, dans la cage de la balance à côté du système absorbant à acide carbonique ; au bout de ce temps, je détermine le poids du tube, ainsi que celui des appareils absorbants, qui sont pendus en bloc à la balance. Le lendemain, je vérifie les poids. Je n'inscris les poids que pour autant que les pesées restent invariables. Les résultats ont toujours été ceux de la veille, quand les appareils, au moment de la pesée, avaient repris la couche hygrométrique qui leur convient.

L'Académie me pardonnera d'être entré dans les détails

[1] J'ai dit plus haut le moyen que j'ai employé pour empêcher l'air du dehors de s'introduire dans les appareils pendant qu'ils se refroidissent ou qu'on les abandonne à eux-mêmes.

[2] Dans toutes les déterminations, les témoins J et R n'ont subi que des changements insignifiants de poids, preuve que les autres appareils ont bien fonctionné.

qui précèdent ; j'ai voulu fournir aux chimistes tous les éléments nécessaires pour leur permettre de juger si les résultats, que je vais avoir l'honneur de présenter, méritent quelque confiance.

Voici les données :

PREMIÈRE EXPÉRIENCE

Poids du tube à oxyde de cuivre avant l'expérience.	522gr,515
Poids du tube précédent après l'expérience.	513gr,234
Poids des appareils absorbants à acide carbonique avant l'expérience	695gr,790
Poids des appareils précédents après l'expérience.	721gr,273
Poids du témoin L avant l'expérience . .	79gr,070
— — L après — . .	79gr,086
— — J avant — . .	62gr,913
— — J après — . .	62gr,912
— — R avant — . .	59gr,823
— — R après — . .	59gr,825

DEUXIÈME EXPÉRIENCE

Poids du tube à oxyde de cuivre avant l'expérience.	513gr,233
Poids du tube précédent après l'expérience.	504gr,899
Poids des appareils absorbants à acide carbonique avant l'expérience	700gr,448
Poids des appareils précédents après l'expérience.	723gr,348
Poids du témoin L avant l'expérience . .	79gr,086
— — L après — . .	79gr,093
— — J avant — . .	62gr,912
— — J après — . .	62gr,9135
— — R avant — . .	59gr,831
— — R après — . .	59gr,830

TROISIÈME EXPÉRIENCE

Poids du tube à oxyde de cuivre avant l'expérience.	422gr,774
Poids du tube précédent après l'expérience.	408gr,811
Poids des appareils absorbants à acide carbonique avant l'expérience	863gr,335
Poids des appareils précédents après l'expérience.	901gr,685

Poids du témoin	L	avant l'expérience	. .	50gr,115
— —	L	après —	. .	50gr,132
— —	J	avant —	. .	69gr,356
— —	J	après —	. .	69gr,3555
— —	R	avant —	. .	61gr,917
— —	R	après —	. .	61gr,917

QUATRIÈME EXPÉRIENCE

Poids du tube à oxyde de cuivre avant l'expérience	524gr,824
Poids du tube précédent après l'expérience.	513gr,198
Poids des appareils absorbants à acide carbonique avant l'expérience	759gr,906
Poids des appareils précédents après l'expérience	791gr,840
Poids du témoin L avant l'expérience . .	79gr,115
— — L après — . .	79gr,127
— — J avant — . .	67gr,019
— — J après — . .	67gr,021
— — R avant — . .	58gr,127
— — R après — . .	58gr,126

CINQUIÈME EXPÉRIENCE

Poids du tube à oxyde de cuivre avant l'expérience	413gr,011
Poids du tube précédent après l'expérience.	394gr,240
Poids des appareils absorbants à acide carbonique avant l'expérience	929gr,118
Poids des appareils précédents après l'expérience	980gr,722
Poids du témoin L avant l'expérience . .	50gr,135
— — L après — . .	50gr,143
— — J avant — . .	69gr,358
— — J après — . .	69gr,357
— — R avant — . .	62gr,551
— — R après — . .	62gr,5525

SIXIÈME EXPÉRIENCE

Poids du tube à oxyde de cuivre avant l'expérience	607gr,987
Poids du tube précédent après l'expérience.	588gr,394

Poids des appareils absorbants à acide carbonique avant l'expérience 917gr,911
Poids des appareils précédents après l'expérience. 971gr,656
Poids du témoin L avant l'expérience . . 51gr,729
— — L après — . . 51gr,738
— — J avant — . . 69gr,354
— — J après — . . 69gr,356
— — R avant — . . 81gr,648
— — R après — . . 81gr,649

SEPTIÈME EXPÉRIENCE

Poids du tube à oxyde de cuivre avant l'expérience. 597gr,817
Poids du tube précédent après l'expérience 575gr,299
Poids des appareils absorbants à acide carbonique avant l'expérience 978gr,346
Poids des appareils précédents après l'expérience. 1.040gr,270
Poids du témoin L avant l'expérience . . 50gr,135
— — L après — . 50gr,144
— — J avant — . 69gr,356
— — J après — . 69gr,357
— — R avant — . 81gr,653
— — R après — . 81gr,655

HUITIÈME EXPÉRIENCE

Poids du tube à oxyde de cuivre avant l'expérience. 552gr,317
Poids du tube précédent après l'expérience 572gr,939
Poids des appareils absorbants à acide carbonique avant l'expérience 1.072gr,913
Poids des appareils précédents après l'expérience. 1.139gr,914
Poids du témoin L avant l'expérience . . 57gr,028
— — L après — . 57gr,044
— — J avant — . 66gr,223
— — J après — . 66gr,222
— — R avant — . 73gr,929
— — R après — . 73gr,930

Ces données fournissent les résultats suivants :

NUMÉROS DES EXPÉRIENCES	OXYGÈNE ABSORBÉ[1]	ACIDE CARBONIQUE PRODUIT	ÉQUIVALENT DU CARBONE
	gr.	gr.	
I.	9,265	25.483	75.04
II.	8,327	22,900	75,01
III	13,9438	38,351	75,03
IV	11,6124	31,935	75,01
V.	18,763	51,6055	75,04
VI	19,581	53,8465	74,933
VII.	22,515	61,926	75,05
VIII	24,360	67,003	75,055
Total général. . .	128,367	353,050	75,039

[1] Les poids de l'oxygène et de l'acide carbonique sont ramenés au vide.

Ainsi donc, ces résultats donnent pour l'équivalent du carbone un chiffre qui n'est pas inférieur à 75,0 ni supérieur à 75,055. En puis-je déduire que cet atome est représenté par 75,0, et que l'équivalent 75,12, établi par Berzélius, d'après les expériences du baron de Wrede, est trop élevé ? Le meilleur moyen, je pense, d'éclaircir ces questions, est de chercher, en partant des deux nombres cités plus haut, les erreurs que j'ai commises dans mes déterminations, et de comparer ensuite ces erreurs avec celles que l'on peut faire avec les appareils que j'ai employés et dont j'ai préalablement déterminé la limite de précision ou d'exactitude.

Le tableau suivant renferme ces éléments, ainsi que les données propres à les vérifier :

NUMÉROS DES EXPÉRIENCES	OXYGÈNE EMPLOYÉ	ACIDE CARBONIQUE OBTENU PAR L'EXPÉRIENCE	ACIDE CARBONIQUE CALCULÉ DANS LES HYPOTHÈSES		ERREUR COMMISE	ERREUR COMMISE
			$c = 75,00$	$c = 75,15$	$c = 75$	$c = 75,12$
I.	9,265	25,483	25,4788	25,4899	+ 0,0042	— 0,0069
II.	8,327	22,900	22,8992	22,9092	+ 0,0008	— 0,0092
III.	13,9438	38,351	38,3454	38,3621	+ 0,0056	— 0,0110
IV.	11,6124	31,935	31,9340	31,9480	+ 0,0010	— 0,0130
V.	18,763	51,6055	51,5982	51,6207	+ 0,0073	— 0,0152
VI.	19,581	53,8465	53,8480	53,8712	— 0,0015	— 0,0347
VII.	22,515	61,926	61,9162	61,9432	+ 0,0100	— 0,0170
VIII.	24,360	67,003	66,9900	67,0192	+ 0,0130	— 0,0160

L'inspection de ce tableau montre qu'en admettant C = 75,00, j'ai obtenu un excédent d'acide carbonique qui s'élève en moyenne à 0gr,005 et au maximum à 0gr,013, tandis qu'en supposant C = 75,12, j'ai constamment éprouvé une perte en acide carbonique qui, en moyenne, est de 0gr,017, et qui s'élève jusqu'à 0gr,035. Or, d'après les essais dont j'ai exposé plus haut les résultats, l'erreur que l'on commet quand on opère convenablement ne constitue jamais une perte, mais bien un excédent de poids, ce qui d'ailleurs se comprend aisément, puisque, pendant la pesée, les tubes à acide sulfurique et à potasse, se trouvant en contact avec l'air, enlèvent à l'atmosphère des traces d'eau et d'acide carbonique. D'après ces expériences, il est donc peu probable que l'équivalent du carbone soit représenté par 75,12; tout porte à croire, au contraire, qu'il est inférieur à ce chiffre. Je suis bien loin de prétendre cependant qu'il est 75,00, puisque les deux dernières déterminations laissent à cet égard un certain doute dans mon esprit. Quoi qu'il en soit, le but que je m'étais proposé est atteint; j'ai voulu rechercher entre quelles limites le poids atomique du carbone devait être enfermé. Je suis pleinement convaincu aujourd'hui que cette limite se trouve entre 75,00 et 75,06. Si ce résultat laisse quelque chose à désirer sous le rapport spéculatif, il suffit amplement à tous les besoins de l'analyse chimique la plus rigoureuse possible.

RECHERCHES

sur la composition de l'eau[1].

Par M. DUMAS.

(*Annales de Chimie et de Physique* [3], VIII, 189 [1843].)

J'ai communiqué à l'Académie des expériences entreprises avec M. Stas, qui fixent la composition de l'acide carbonique ; nous avons donné, M. Boussingault et moi, des analyses de l'air qui établissent la composition de l'atmosphère sur des bases rigoureuses; je viens faire connaître maintenant le résultat des recherches que j'ai poursuivies sans relâche sur la véritable composition de l'eau et de l'ammoniaque, ce qui complètera les déterminations nécessaires aux spéculations de la physiologie générale.

L'eau est formée d'oxygène et d'hydrogène, et l'on a essayé de définir le rapport exact suivant lequel ces gaz s'unissent soit en les mesurant, soit en les pesant. Ces deux méthodes mises en pratique par MM. Berzélius et Dulong, les ayant conduits exactement au même résultat, celui-ci a été admis, sans discussion, comme étant l'expression de la vérité.

Je viens montrer que cette coïncidence fortuite provient d'une double erreur dont la connaissance eût difficilement échappé à la critique des chimistes, s'ils ne s'étaient dès longtemps habitués à admettre sans discussion les poids atomiques adoptés par M. Berzélius.

Il résulte de mes recherches que l'eau est formée en poids de 1.000 parties d'hydrogène pour 8.000 d'oxygène, c'est-à-

[1] Ces recherches devaient être exécutées avec la participation de M. Stas ; mais sa nomination à la chaire de chimie à l'École polytechnique de Bruxelles ne lui a pas permis d'assister a d'autres expériences qu'à celles que nous regardions comme préparatoires. Je dois donc assumer sur moi seul toutes les fautes commises dans l'exécution de ce travail.

dire que ces corps se combinent dans le rapport simple de 1 à 8.

MM. Berzélius et Dulong ont admis le même rapport à peu près, car ils regardent l'eau comme étant formée de 1.000 parties d'hydrogène pour 8.008 d'oxygène. Si ce chiffre exprimait véritablement le résultat de leurs expériences, il faudrait regarder comme insignifiante la correction que je propose aujourd'hui, et comme inutile la longue, dispendieuse et pénible série de recherches à laquelle je me suis livré.

Mais quand on remonte aux expériences mêmes de mes illustres devanciers, on trouve qu'ils se sont basés sur des déterminations fautives des densités de l'hydrogène et de l'oxygène ; car il est bien prouvé maintenant que la densité de l'oxygène n'est pas représentée par 1,1026, et je vais faire voir que celle de l'hydrogène ne peut pas l'être par les nombres 0,0688 ou 0,0687 entre lesquels hésitent MM. Berzélius et Dulong.

En effet, quand on suppose que l'hydrogène et l'oxygène s'unissent dans le rapport exact de 2 à 1 en volumes et qu'on essaye d'en déduire la composition en poids de l'eau, d'après la densité de ces deux gaz, en partant de la densité de l'hydrogène de MM. Berzélius et Dulong et de la densité de l'oxygène que nous avons déterminée, M. Boussingault et moi, on trouve non pas le rapport de 1.000 à 8.000 ni celui de 1.000 à 8.008, mais bien le rapport de 1.000 à 8.040, qui est évidemment inadmissible. Cependant, comme tout porte à croire que l'hydrogène ne diffère pas sensiblement de l'oxygène par la manière dont ces deux gaz se comportent sous diverses pressions, et que leur coefficient de dilatation ne peut exercer aucune influence appréciable sur le rapport qui nous occupe, il faut que la densité de l'hydrogène de Dulong soit inexacte ou que la loi de M. Gay-Lussac sur la combinaison des gaz ne soit qu'une approximation.

En tout cas, il était donc indispensable de vérifier la densité de l'hydrogène, et l'on ne pouvait rien conclure, quant à la composition exacte de l'eau, des densités de gaz connues jusqu'ici.

Mais M. Berzélius a déduit la composition de l'eau d'une expérience plus directe. Il a réduit de l'oxyde de cuivre au moyen de l'hydrogène, et, recueillant l'eau formée par une quantité d'oxygène connue, il a pu en tirer la composition de l'eau.

M. Berzélius a fait trois expériences de ce genre qui, en moyenne, lui ont donné pour 1.000 d'hydrogène 8 008 d'oxygène. Un chimiste anglais, le Dr Prout, avait déjà émis l'opinion que l'eau pourrait bien contenir 1.000 d'hydrogène pour 8.000 d'oxygène ; mais on lui opposa le résultat de ces expériences comme propre à démontrer que de tels rapports étaient des jeux d'esprit qui ne méritaient aucune considération.

Pour montrer combien on s'est laissé influencer par une confiance exagérée dans la manière de procéder pour les déterminations de cette nature, il suffit de comparer les chiffres résultant des trois expériences de M. Berzélius :

	HYDROGÈNE		OXYGÈNE
Première expérience.	100,0	=	804,2
Deuxième —	100,0	=	793,6
Troisième —	100,0	=	805,3
			2403,1
Moyenne			801,0

De ce qu'on avait trouvé les nombres 805... 804 et 793, dont la moyenne est 801, rien n'autorisait certes à conclure que le véritable nombre n'était pas 800. Il ne faut pas répondre de $\frac{1}{800}$, quand on n'a fait que trois expériences qui diffèrent entre elles de $\frac{12}{800}$, et ce n'est pas avec des expériences dont les nombres s'écartent de $\frac{1}{66}$ qu'on est autorisé à repousser cette correction de $\frac{1}{800}$ qui suffisait pour mettre la moyenne d'accord avec les vues du Dr Proust.

N'hésitons pas à dire que, jusqu'ici, les vues du Dr Proust n'ont point été soumises à cette discussion sincère et approfondie que leur haute importance méritait. J'ignore si ces vues sont vraies dans toute leur étendue ; mais, pour le savoir, il faut reprendre la détermination des poids atomiques sur une grande échelle, par des moyennes fondées sur des expériences nombreuses et en ne négligeant aucune des corrections que la physique enseigne.

Si ces corrections eussent été introduites dans l'expérience de M. Berzélius, ses résultats, déjà si éloignés de la moyenne qu'il a admise, s'en seraient écartés bien davantage.

La première correction à faire au résultat brut de l'expérience consistait à ramener au vide le poids de l'eau formée pour en avoir le poids absolu. Cette correction ne s'élève pas à moins de 10 à 12 milligrammes sur le poids de l'hydrogène, dans des expériences où l'on a cru pouvoir compter sur une précision de 1 milligramme.

Par la même raison, il faut ramener aussi au vide le poids de l'oxygène employé.

D'un autre côté, la dessiccation de l'hydrogène exige des précautions bien autrement minutieuses que celles que M. Berzélius a mises en usage. Il a supposé, en effet, qu'un courant de gaz arrive à la sécheresse absolue en parcourant rapidement un tube rempli de chlorure de calcium. L'expérience et le raisonnement prouvent qu'il n'en est rien. Or, le gaz qui disparaît en se transformant en eau présentait à la vapeur un espace qui, en s'anéantissant, détermine sa condensation. Ainsi, toute l'eau hygrométrique du gaz consommé s'ajoute à l'eau provenant de l'expérience, quand le gaz hydrogène brûlé n'est pas sec.

Enfin, en supposant les poids réduits au vide et les gaz parfaitement secs, les expériences de M. Berzélius laisseraient encore beaucoup de doute sur la véritable composition de l'eau, par cela seul qu'elles ont été faites sur 10 à 12 grammes seulement.

Ces expériences sont donc trop peu nombreuses ; elles ont été faites sur une trop faible échelle ; on n'y a pas introduit des corrections indispensables qui dénatureraient complètement les chiffres qu'on en a déduits ; tous ces motifs devaient me déterminer à les reprendre.

Mon premier soin a consisté à me procurer de l'hydrogène parfaitement pur. A cet égard, je crois n'avoir rien laissé à désirer par l'emploi de moyens très simples, qui me sont propres, que j'ai vus généralement approuvés et adoptés par les chimistes ou les physiciens qui, depuis longtemps, ont pu prendre connaissance de mes expériences.

Les impuretés de l'hydrogène obtenu par le zinc, l'eau et l'acide sulfurique, peuvent consister en oxydes d'azote, acide sulfureux, hydrogène arseniqué, hydrogène sulfuré.

Les oxydes d'azote proviennent de l'acide sulfurique impur, il faut toujours s'assurer de sa pureté avant de l'employer.

L'acide sulfureux se trouve quelquefois dans l'acide sulfurique qu'on a essayé de purifier de combinaisons nitreuses par un courant d'acide sulfureux. Entraîné par l'hydrogène, il passerait avec lui et causerait de graves erreurs.

L'hydrogène arseniqué et l'hydrogène sulfuré se montrent presque constamment dans ces expériences, le dernier surtout.

Il faut donc faire usage d'acide sulfurique pur et diriger le gaz au travers de quelques réactifs propres à lui enlever les traces d'hydrogène sulfuré ou d'hydrogène arseniqué qu'il renferme ; une dissolution de nitrate de plomb arrête l'hydrogène sulfuré ; une dissolution de sulfate d'argent arrête l'hydrogène arseniqué à son tour. Je place ces dissolutions dans les tubes en U remplis de verre en morceaux, ce qui donne aux liquides un développement de surface convenable à l'action qu'ils sont destinés à exercer.

Ordinairement, à la fin de l'expérience, dans les tubes qui ont près d'un mètre de longueur, la partie colorée par la formation du sulfure de plomb ou la réduction des sels d'argent forme une zone qui ne dépasse guère 3 ou 4 centimètres.

Le gaz passe ensuite dans des tubes semblables pleins de pierre ponce humectée par une dissolution de potasse concentrée ; de là, dans un tube qui renferme de la potasse en morceaux ordinaires ; puis, dans un autre qui contient de la potasse caustique qui a été chauffée au rouge.

L'hydrogène qui a subi ces purifications est parfaitement inodore. Il m'est souvent arrivé d'en perdre une centaine de litres dans mon laboratoire, sans apercevoir la moindre odeur.

Mais ce gaz n'est pas encore sec, et j'ai employé pour le dessécher tantôt l'acide sulfurique concentré, tantôt l'acide phosphorique anhydre.

L'acide sulfurique convient très bien quand on opère en

hiver, ou bien qu'on a soin de maintenir des tubes dessé-chants à zéro, en les entourant de glace. Mais j'ai souvent employé l'acide phosphorique anhydre comme dessiccant. Dans ce cas, je le divise au moyen de gros fragments de pierre ponce.

L'hydrogène pur et sec est perdu pendant quelques heures, afin de balayer tout l'air des appareils.

L'oxyde de cuivre est placé dans un ballon en verre très dur, où il peut éprouver la chaleur rouge pendant une journée entière, sans que le ballon s'altère dans sa forme ni même dans l'éclat de sa surface. J'ai employé pour le chauffer des lampes à alcool à double courant d'air, d'une construction nouvelle, où je maintiens l'alcool à une température basse au moyen d'une enveloppe d'eau.

Les ballons que je devais employer à ces expériences m'ont été fournis par M. le baron de Klinglin, qui, dans sa belle verrerie de Plaine-de-Valsch et de Valeristhal, obtient tous les objets en verre dur dont les chimistes peuvent avoir besoin. Ce sont des globes ou boules à deux cols, l'un court, par où arrive l'hydrogène, l'autre beaucoup plus long, par où se dégagent l'excès des gaz et l'eau formée. Les difficultés singulières qui se présentaient pour la fabrication de ces pièces nous ont causé mille contrariétés, mais on a fini par les surmonter.

Nous avons eu en définitive des ballons assez bien recuits pour résister à tous les changements de température, assez durs pour supporter une chaleur rouge prolongée sans perdre leur brillant, et munis d'une pointe longue d'un mètre où s'opéraient le refroidissement et la condensation de la vapeur aqueuse formée.

L'oxyde de cuivre étant introduit dans le ballon, on ajuste sur le petit col un robinet, et l'on referme le côté opposé au moyen d'un dé en caoutchouc. Après s'être assuré que le système garde le vide, on dirige dans la boule un courant d'air desséché par l'acide sulfurique, et l'on chauffe la boule au rouge. Lorsqu'on a fait passer ainsi 15 ou 20 litres d'air, on retire la lampe et on laisse refroidir l'appareil pendant qu'il y circule 15 ou 20 litres d'air bien sec.

Toute humidité accidentelle étant ainsi écartée, le ballon étant parfaitement refroidi, on y fait le vide et on le pèse.

Le vide vérifié, on le pèse de nouveau.

On met alors le ballon en communication avec l'appareil d'où l'hydrogène se dégage.

On ajuste les appareils destinés à recucillir l'eau liquide, et les tubes dessiccants qui doivent retenir l'eau hygrométrique de l'excès de gaz. Ces tubes sont toujours disposés exactement de même que ceux qui précèdent l'oxyde de cuivre.

Ils ont été pesés d'avance, de sorte qu'en les pesant de nouveau après l'opération, on connaît le poids de l'eau formée.

L'oxyde de cuivre étant chauffé au rouge sombre, la réduction commence, et l'eau ruisselle bientôt en abondance ; mais au bout de quelques heures la formation d'eau se ralentit, et ce n'est qu'après dix ou douze heures que l'opération est terminée. Il n'est pas facile, par conséquent, de consacrer moins de seize ou dix-huit heures à l'exécution de chaque expérience, abstraction faite des dispositions préliminaires, qui m'ont constamment coûté deux ou trois jours de soins.

Si j'ajoute que j'ai obtenu dans mes diverses expériences plus d'un kilogramme d'eau, que je mets sous les yeux de l'Académie ; que c'est le produit de dix-neuf opérations, dont les nombres sont réunis dans le tableau ci-dessus ; qu'enfin, en comptant celles qui ont échoué par accident, je n'ai pas fait moins de quarante ou cinquante expériences semblables, on pourra se faire une juste idée du temps et de la fatigue que cette détermination m'a coûtés.

Il faut même ajouter que la durée nécessaire de ces opérations, en m'obligeant à prolonger le travail fort avant dans la nuit, en plaçant les pesées vers deux ou trois heures du matin dans la plupart des cas, constitue une cause d'erreur réelle. Je n'oserais pas assurer que de telles pesées méritent autant de confiance que si elles avaient été exécutées dans des circonstances plus favorables et par un observateur moins accablé de la fatigue inévitable après quinze ou vingt heures d'attention soutenue.

J'ai fait de mon mieux, et en retraçant ici toutes les circonstances de mes expériences, je n'ai qu'un seul but, celui de mettre tous les chimistes en état d'en apprécier la valeur, et de faire la part des chances d'erreur de tout genre qu'elles peuvent comporter.

Si l'on pensait que ces expériences peuvent être abrégées, on verrait bientôt qu'il n'en est rien, en parcourant le résumé des opérations dont elles se composent :

1° Dégagement de l'hydrogène dans l'appareil pour en balayer l'air ;

2° Pesée du ballon plein d'oxyde de cuivre et vide d'air ;

3° Pesée des appareils destinés à recueillir l'eau ;

4° Ajustement de l'appareil ;

5° Réduction ;

6° Refroidissement du ballon, le courant d'hydrogène étant maintenu ;

7° Pesée du ballon froid et vide d'hydrogène ;

8° Balayage de l'hydrogène des appareils qui renferment l'eau, au moyen d'un courant d'air sec, pour en expulser l'hydrogène ;

9° Pesée des appareils qui renferment l'eau.

En supposant, bien entendu, que la journée de la veille a été complètement consacrée à faire passer l'air sec sur l'oxyde chaud et à préparer toutes les pesées.

A la vérité, on pourrait abréger ces expériences en diminuant la quantité d'eau qu'on veut produire à chacune d'elles, mais il faut faire attention à une circonstance particulière, pour apprécier jusqu'à quel point cette diminution est permise.

De toutes les analyses qu'un chimiste peut se proposer, celle de l'eau est celle qui comporte le plus d'incertitude. En effet, 1 partie d'hydrogène se combine avec 8 parties d'oxygène pour former de l'eau, et rien ne serait plus exact que l'analyse de l'eau, si l'on pouvait peser l'hydrogène et peser l'eau qui proviendrait de sa combustion.

Mais l'expérience n'est pas possible sous cette forme. Nous sommes obligés de peser l'eau formée et l'oxygène qui a servi à la produire, pour en déduire, par différence, le poids de l'hydrogène qui en fait partie.

Ainsi, une erreur de $\frac{1}{900}$ sur le poids de l'eau, ou de $\frac{1}{800}$ sur le poids de l'oxygène, affecte d'une quantité égale à $\frac{1}{90}$ ou à $\frac{1}{80}$ le poids de l'hydrogène. Que ces erreurs étant dans le même sens viennent à s'ajouter, et l'on aura des erreurs qui iront à $\frac{1}{40}$.

Il ne faut donc pas s'étonner si MM. Berzélius et Dulong n'ont réellement déterminé le poids atomique de l'hydrogène qu'à $\frac{1}{60}$ près. Ce qui surprend seulement, c'est qu'ils aient pu croire que cette détermination atteignît une précision de $\frac{1}{1.000}$ environ.

Je m'estimerais fort heureux si l'avenir prouvait que les expériences que j'ai exécutées donnent le poids atomique de l'hydrogène à $\frac{1}{200}$ près; j'aurais bien voulu arriver à $\frac{1}{1.000}$, mais je n'ai pas pu et je laisse à de plus habiles le mérite d'y parvenir.

Il m'est arrivé qu'à mesure que j'augmentais le poids de l'eau formée et la durée des expériences, des causes d'erreur diverses venaient compliquer les pesées et en diminuer la précision.

Quoi qu'il en soit, le poids atomique de l'hydrogène ne peut guère être au-dessous de 12,50 quand on représente l'oxygène par 100.

Mes expériences le placent entre 12,50 et 12,56, et si elles peuvent laisser quelque chose à désirer au point de vue philosophique, elles suffisent surabondamment à tous les besoins de la pratique.

En considérant l'eau comme formée de 1 d'hydrogène pour 8 d'oxygène, jamais un chimiste ne sera exposé à commettre une erreur dans ses expériences ou dans ses calculs, puisqu'on a trouvé qu'elle renferme

8	d'oxygène	et	1 d'hydrogène.
80	—	et	10 —
800	—	et	100 —
8.000	—	et	1.001 ou 1.003 d'hydrogène.

Il suffit de jeter les yeux sur le tableau suivant pour en être convaincu.

SYNTHÈSE DE L'EAU

NATURE des corps desséchants.	POIDS du ballon vide d'air contenant l'oxyde de cuivre.	POIDS du ballon vide d'air contenant le cuivre réduit.	POIDS des vases pour recueillir l'eau.	POIDS des vases contenant l'eau.	OXYGÈNE consommé.	EAU obtenue.	ÉQUIVALENT brut de l'hydrogène.	ÉQUIVALENT de l'hydrogène corrigé pour l'air contenu dans l'acide sulfurique employé.
Acide sulfurique . . .	291,985	278,806	480,807	495,634	13,179	14,827	1250,5	1249,6
— . . .	344,548	324,186	488,227	511,132	20,362	22,905	1249,0	1248,0
— . . .	316,671	296,174	439,711	462,764	20,495	23,053	1248,1	1247,2
Acide phosphorique. .	625,829	568,825	884,190	948,323	57,004	64,044	1250,6	1249,0
Acide sulfurique . . .	804,546	728,182	887,331	973,291	76,364	85,960	1256,2	1254,6
— . . .	533,526	490,155	867,159	916,206	43,571	49,047	1256,3	1255,0
— . . .	661,915	627,104	839,304	878,482	34,811	39,178	1254,6	1253,3
Acide phosphorique. .	612,625	566,738	824,624	876,244	45,887	51,623	1250,0	1249,0
— . .	904,623	844,612	822,660	890,246	60,031	67,586	1258,3	1255,1
Acide sulfurique . . .	642,325	590,487	741,095	799,417	51,838	58,320	1250,4	1248,9
Acide phosphorique. .	587,645	535,137	874,832	933,910	52,508	59,078	1251,2	1249,0
— . .	673,280	613,492	931,487	998,700	99,789	67,282	1253,3	1250,8
Acide sulfurique . . .	660,855	598,765	682,374	752,273	62,090	69,899	1257,7	1254,8
— . . .	642,325	590,487	741,097	799,455	51,838	58,360	1258,1	1256,2
— . . .	937,845	881,362	1064,762	1128,319	56,483	63,577	1255,8	1252,2
Acide phosphorique. .	756,352	719,563	878,640	920,030	36,789	41,390	1250,6	1249,1
— . . .	754,162	720,000	887,817	926,275	34,162	38,458	1257,3	1255,1
— . . .	759,762	727,632	888,662	924,837	32,133	36,175	1257,5	1254,7
— . . .	747,652	716,825	877,862	912,539	30,827	34,677	1248,8	1248,0
						Moyennes.	1253,3	1251,5

Je sais maintenant quelles causes d'erreurs j'ai rencontrées et quels moyens il faudrait employer pour les éviter. Peut-être un jour reprendrai-je cette recherche que je regarde comme une des plus délicates et des plus importantes de la philosophie naturelle.

En effet, si les molécules des corps élémentaires sont toutes des multiples de la molécule de l'hydrogène, comme l'a supposé le Dr Prout, personne ne peut prévoir quelles seront les conséquences auxquelles une relation de cette nature conduira les chimistes, quand elle sera bien constatée et qu'ils oseront s'y confier.

La densité de l'hydrogène ne peut rien nous apprendre à ce sujet de plus que ce que nous pouvons déduire de l'analyse de l'eau elle-même. Nous avons trouvé, M. Boussingault et moi, que cette densité est comprise entre 0,0691 et 0,0695, nombre sensiblement plus élevé que celui de MM. Berzélius et Dulong, qui est évalué, comme on sait, de 0,687 à 0,688.

Les densités de gaz prises par MM. Berzélius et Dulong sont généralement trop faibles, l'azote excepté. Il est probable que cela tient à quelque faute sur la mesure de la température du gaz et au mélange fortuit de l'air avec le gaz pesé.

Si l'on pouvait déterminer la densité de l'hydrogène de manière à répondre de la quatrième décimale, cette détermination serait d'une grande importance dans la discussion qui nous occupe ; mais il faudra pour y parvenir un grand nombre de pesées, et jusqu'ici nous n'avons pu en exécuter que cinq. Plus tard, nous ferons connaître la marche suivie pour les exécuter et la moyenne des résultats qu'elles nous auront fournis.

Ce que je veux établir aujourd'hui, c'est que les déterminations de poids atomiques de M. Berzélius et sa synthèse de l'eau en particulier laissent indécise la question soulevée par le Dr Prout : je n'ignore pas qu'en Angleterre M. Turner a examiné, il y a quelques années, si les poids atomiques de M. Berzélius étaient plus conformes à l'expérience que ceux qui résultaient des vues du Dr Prout, et qu'il a conclu son investigation en donnant raison aux tables de M. Berzélius; mais je dois ajouter que M. Turner n'a pas fait usage de méthodes assez délicates pour trancher la question.

Je puis conclure de mon expérience personnelle, que le

poids de la molécule d'hydrogène étant 1, celui de la molécule de carbone est 6, celui de la molécule d'azote 7 et celui de la molécule d'oxygène 8. Ces rapports ne comportent que des erreurs à peu près insignifiantes.

Pour vérifier leur exactitude ou pour contrôler les autres poids atomiques, il faut entrer dans la voie ouverte par la nouvelle analyse de l'acide carbonique ; c'est-à-dire faire des analyses ou des synthèses sur une grande échelle, en opérant des réactions très simples sur des corps très purs.

Ce Mémoire a déjà été communiqué depuis longtemps à l'Académie, et il a été imprimé dans ses *Comptes rendus* par extrait. Avant de lui donner une place dans ces *Annales*, j'ai voulu attendre que les chimistes eussent fait connaître leur opinion à son sujet, afin de mettre à profit les observations fondées, et d'écarter au besoin celles qui ne le seraient pas.

Je me permettrai donc de soumettre à une discussion approfondie les critiques dont ce travail a été l'objet de la part de M. Berzélius.

Remarquons d'abord qu'il est certain maintenant que les principaux poids atomiques de M. Berzélius offrent des inexactitudes plus ou moins notables. M. Berzélius lui-même en convient, et chacun a pu sans peine débarrasser cet aveu des réticences dont il est enveloppé.

Toutefois l'illustre chimiste suédois adresse aux méthodes expérimentales que j'ai employées des reproches qui tendraient à affaiblir la confiance dans leurs résultats ; je vais montrer que ces reproches ne sont pas fondés.

Enfin, tout en convenant que les poids atomiques que j'ai déterminés sont exacts, on conteste toujours l'exactitude de la loi de Prout. Je regarde donc comme un devoir de m'expliquer d'une manière complète sur ce point, quoique la réserve que j'y ai mise dans les pages qu'on vient de lire m'ait laissé toute ma liberté d'opinion.

La principale objection, je dirai même la seule que M. Berzélius ait adressée aux méthodes dont je me suis servi, consiste à regarder l'acide sulfurique dont j'ai fait usage pour la dessiccation de mes gaz comme capable de fournir des vapeurs sensibles à la température ordinaire. Les expériences sur lesquelles M. Berzélius se fonde pour établir cette opinion sont complètement inexactes.

Voici en quoi ces expériences consistent.

D'un côté, M. Vogel jeune, ayant soumis 6 onces d'acide sulfurique à l'ébullition pour le débarrasser d'acide sulfureux, l'a placé sous une cloche dans une capsule à côté d'une autre qui renfermait du chlorure de barium en couche mince. Au bout de cinq jours, ce chlorure de barium ne se dissolvait pas dans l'eau sans résidu; celui-ci pesait $0^{gr},030$ et consistait en sulfate de baryte.

D'un autre côté, M. le baron de Vrede a trouvé que 1.500 pouces cubes d'air atmosphérique, desséchés par la potasse caustique, puis par de l'acide sulfurique humectant de la pierre ponce, ont déterminé un trouble très sensible en traversant une dissolution de chlorure de barium. La température étant de 14°, le précipité pesait $0^{gr},004$ et fut reconnu au chalumeau pour du sulfate de baryte.

Ces résultats sont dus, non point à l'acide sulfurique, mais à l'acide sulfureux dont il est si difficile de le débarrasser et qui, au contact de l'air et du chlorure de barium, se transforme en sulfate de baryte.

La preuve qu'il en est ainsi, c'est que si l'on prend de l'acide sulfurique véritablement pur d'acide sulfureux, qu'on s'en serve pour humecter à l'ordinaire de la pierre ponce, et qu'on fasse passer, comme M. Vrede, de l'air, d'abord sur de la potasse, puis dans un tube renfermant cette ponce acide, on trouvera qu'après le passage de 20 litres d'air le chlorure de barium conserve une limpidité absolue.

Concluons donc que l'acide sulfurique concentré et pur ne possède aucune tension appréciable à la température ordinaire, et qu'il ne résulte rien qui puisse troubler nos expériences de son emploi pour la dessiccation des gaz.

J'ai à peine besoin d'ajouter que l'expérience de M. Vogel répétée avec de l'acide sulfurique réellement pur d'acide sulfureux ne donne, au bout de huit jours, aucun résidu sensible de sulfate de baryte, quand on vient à dissoudre le chlorure de barium dans l'eau.

Voyons maintenant quelle peut être l'influence d'une autre cause d'erreur qui a échappé à la pénétration de M. Berzélius et que nous avons aperçue depuis l'exécution des expériences qui précèdent. Il s'agit de l'absorption de l'hydrogène par le cuivre pendant la réduction de l'oxyde de cuivre au moyen de ce gaz, absorption mise hors de doute par M. Melsens dans mon laboratoire.

Ce jeune chimiste a reconnu qu'en réduisant l'oxyde de cuivre par l'hydrogène, le métal retient en combinaison quelques traces de ce gaz et d'autant plus que la température de la réduction a été moins élevée.

Dans ces expériences dirigées absolument de la même manière que pour les synthèses de l'eau qui précèdent, on a obtenu du cuivre métallique, qui a été soumis ensuite à une réoxydation au moyen de l'air parfaitement sec et préalablement exposé à l'action d'une colonne de cuivre incandescent.

On opérant sur 300 grammes d'oxyde de cuivre, on a obtenu ainsi 0^{gr},065 d'eau provenant de la combustion de l'hydrogène fixé par le cuivre. Cette eau se forme à mesure que le cuivre se brûle; elle n'apparait pas tout d'un coup. Ainsi, 240 grammes de cuivre fixeraient environ 0^{gr},007 d'hydrogène.

Or, on trouverait, en appliquant cette correction aux expériences qui précèdent, que le poids de l'oxygène y a été estimé trop bas, puisque dans le poids du cuivre réduit, on a nécessairement compté comme cuivre l'hydrogène fixé par ce métal.

Si dans chacune des dix-neuf expériences que renferme le tableau il s'était fixé 0^{gr},007 d'hydrogène, il en résulterait que les 945^{gr},441 d'eau, au lieu d'être produits par 841^{gr},161 d'oxygène, renfermaient réellement 841^{gr},293 d'oxygène.

Dès lors, 8.000 grammes d'oxygène s'uniraient à 990 grammes d'hydrogène pour former l'eau.

Tout le monde comprendra qu'il est impossible de corriger toutes les expériences qui précèdent avec le coefficient 0^{gr},007 que nous venons d'y introduire. Pour démontrer cette impossibilité, il suffit de citer l'expérience suivante :

On a réduit de l'oxyde de cuivre à la température la plus basse possible, c'est-à-dire à 175° environ, et dans ce cas, la quantité d'hydrogène fixée a été presque de 0^{gr},0002 par gramme de métal.

La correction à introduire pour le poids de cet hydrogène devrait donc se faire, dans chaque expérience, par la combustion du cuivre réduit, puisqu'elle varie à un si haut degré, selon la température de la réduction.

Ce que nous pouvons conclure seulement de l'observation

de M. Melsens, c'est que les expériences citées plus haut renferment une cause d'erreur qui a été négligée et qui tend à élever le poids atomique de l'hydrogène. Ainsi, le poids trouvé est un maximum et, en l'abaissant de 12,53 à 12,50, nous agissons dans un sens qui est justifié par la circonstance qui vient de se révéler et qui n'avait pas été aperçue.

EXPLICATION DE LA PLANCHE IV

Fig. 1. — Vue générale de l'appareil.

F, flacon dans lequel l'hydrogène se produit;

E, entonnoir à robinet contenant de l'acide sulfurique;

A, éprouvette contenant du mercure et servant de soupape de sûreté pour l'issue du gaz lorsque la pression est trop grande dans l'appareil;

T_1, tube en U contenant des fragments de verre humectés de nitrate de plomb;

T_2, tube en U contenant des fragments de verre humectés de sulfate d'argent;

T_3, tube en U contenant dans la première branche de la ponce humectée de potasse, et dans la seconde des fragments de potasse solide ordinaire;

T_4T_4, potasse rougie en fragments;

T_5T_5, ponce en fragments grossiers, saupoudrée d'acide phosphorique anhydre; ces tubes sont entourés d'un mélange réfrigérant;

T_6, tube témoin contenant la ponce et l'acide phosphorique anhydre;

B, ballon en verre dur destiné à la réduction de l'oxyde de cuivre : ce ballon est terminé par un long col effilé; il est garni d'un robinet *r* à l'une de ses extrémités; la pointe recourbée pénètre dans l'intérieur du tube H; la jonction entre l'appareil B et le tube H a lieu au moyen d'un tuyau de caoutchouc;

L, lampe à alcool à double courant et contenant de l'eau dans l'espace annulaire;

B', ballon destiné à recevoir l'eau qui s'écoule à l'état liquide : son col I contient des fragments de chlorure de calcium;

T_7, tube en U contenant de la potasse rougie;

T_8, tube en U contenant de l'acide phosphorique anhydre; ce tube est entouré d'un mélange réfrigérant;

T_9, tube témoin à acide phosphorique anhydre;

T_{10}, tube à acide phosphorique anhydre non taré, et servant seulement à préserver le témoin du contact de l'air humide;

A′, éprouvette contenant de l'acide sulfurique à travers lequel se dégage l'hydrogène en excès ;
cc, coiffes en caoutchouc.

Fig. 2. — Détail de la jonction du ballon a réduction et de l'appareil condenseur d'eau.

Fig. 3. — Tube en caoutchouc servant a fermer la pointe effilée lorsqu'on fait le vide dans le ballon B.

Appareil de M. Dumas, pour la synthèse de l'eau.

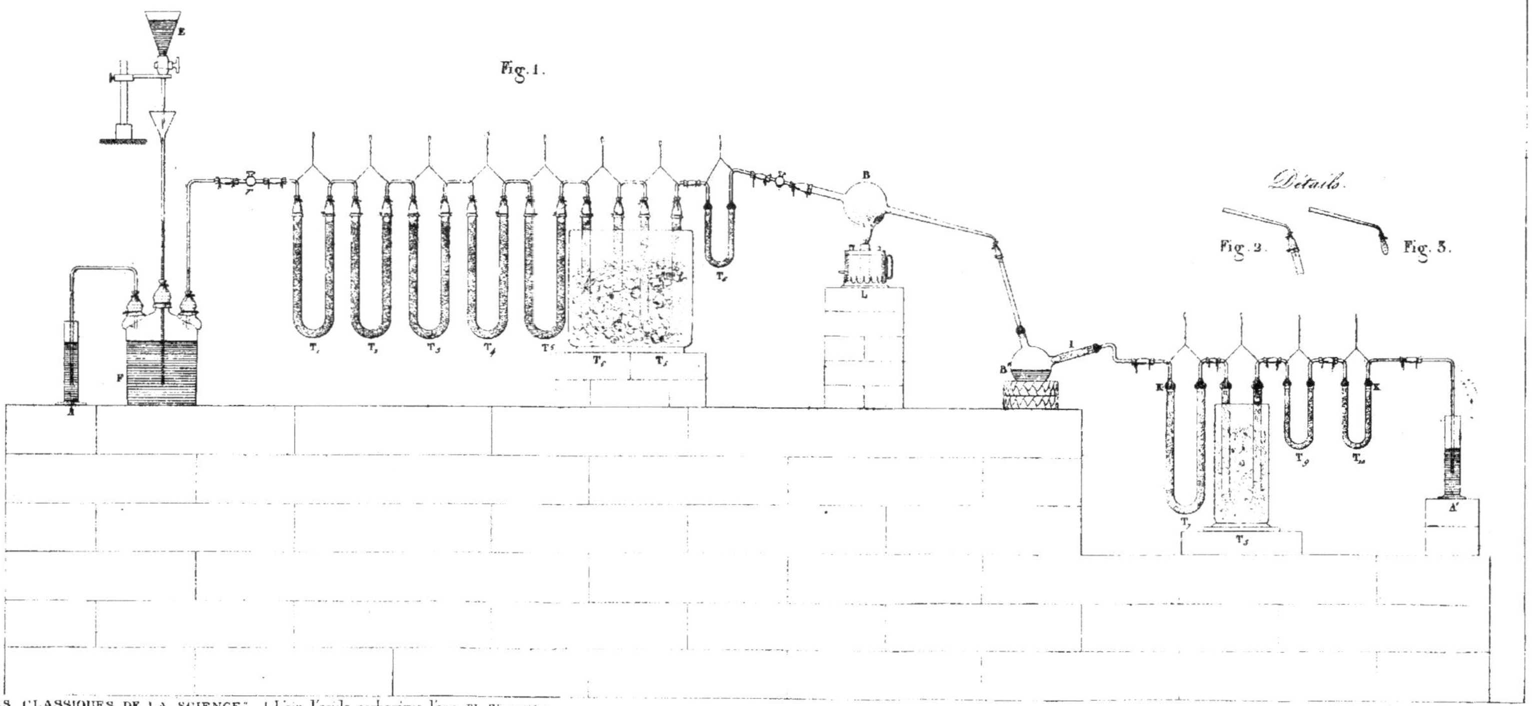

Fig. 1.

E

r

T1 T2 T3 T4 T5 T6 T8 T8

A F

B L

B' I

K K

T7 T9 T10 T8

A'

Détails.

Fig. 2. Fig. 3.

Dessiné et Gravé par E. Wormser

ÉVREUX, IMP. CH. HÉRISSEY. 1013.